一段美味创作之旅，亦是养颜塑身的制胜秘诀！！！

Tu Jie Shou Shen Yang Yan Shu Guo Zhi

图解 瘦身养颜蔬果汁

谭小春　李　健◎编

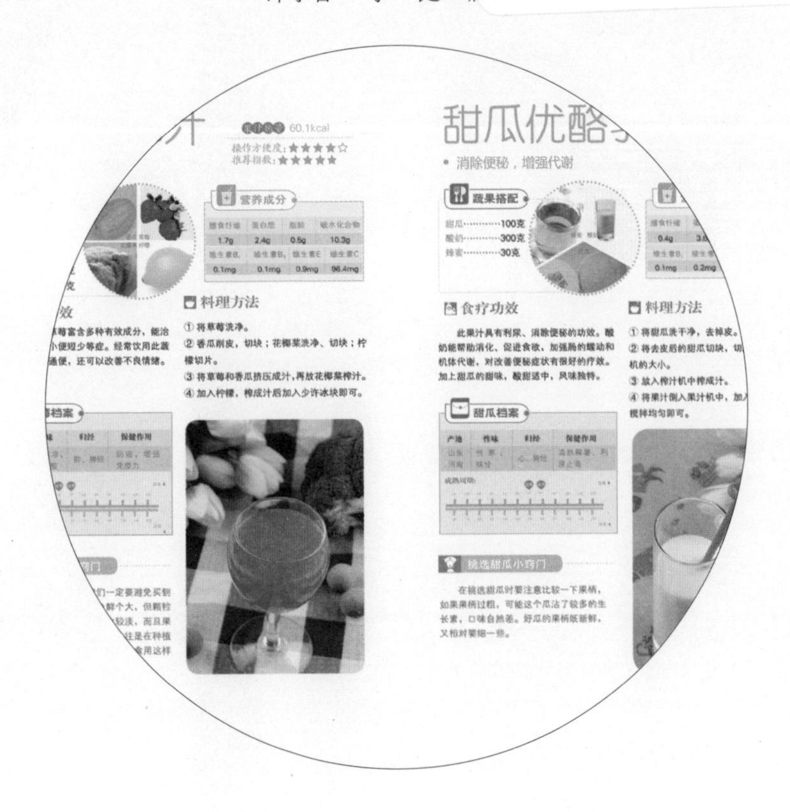

中医古籍出版社

图书在版编目（CIP）数据

图解瘦身养颜蔬果汁 / 谭小春，李健编著. -- 北京：中医古籍出版社，2013.7

ISBN 978-7-5152-0505-2

Ⅰ. ①图… Ⅱ. ①谭… ②李… Ⅲ. ①减肥—蔬菜—饮料—制作—图解 ②减肥—果汁饮料—制作—图解 ③美容—蔬菜—饮料—制作—图解④美容—果汁饮料—制作—图解 Ⅳ. ①TS275.5-64

中国版本图书馆 CIP 数据核字（2013）第 285710 号

图解瘦身养颜蔬果汁

谭小春　李　健 编著

责任编辑　朱定华
封面设计　张　楠
出版发行　中医古籍出版社
社　　址　北京东直门内南小街 16 号（100700）
印　　刷　北京市通州富达印刷厂
开　　本　787mm × 1092mm　1/16
印　　张　15
字　　数　240千字
版　　次　2014年 1 月第 1 版第 1 次印刷
书　　号　ISBN 978-7-5152-0505-2
定　　价　38.00元

享"瘦"滋味生活

随着物质文明的日益发展，环境质量的逐渐下降，人们对食品健康的关注与日俱增。蔬菜水果是十分安全又有效的食疗瘦身食物，古往今来深受人们的青睐。不论古代宫廷美女、中外明星富婆，还是当代摩登女郎，打造窈窕身材，水果蔬菜是绝对不能少的。而其中最能让人接受的就是用新鲜的水果和营养的蔬菜制作的精美瘦身蔬果汁。在数不胜数的健康食品中，用新鲜的水果和蔬菜制作的鲜蔬果汁均采用易于获取的材料，制作起来既简便又安全，是对健康非常有益的食品。而当代女性对身材要求越来越高，不仅单纯追求骨感美，而且追求健康与健美的完美结合。历史上的"环肥燕瘦"已成为过去时，当代追求健康时尚的女性，既不放弃美味和健康，还要得到曲线和美丽，从众多减肥瘦身的方法中选择了天然疗法——瘦身蔬果汁。

自制瘦身蔬果汁有很多好处，不仅可以依个人爱好调味，增减浓度，养成活用手边蔬果材料的习惯，最大的好处是卫生可靠、新鲜自然、营养不流失，且不含任何色素、香料、防腐剂及糖精等人工合成原料，因此具有百分之百的安全性，可以完全放心地饮用。

本书选取的瘦身蔬果汁是营养师精心推荐的，瘦身蔬果汁不仅能清理你体内的"毒素"，让你健健康康瘦下来，而且还能补充维生素和矿物质，逐步改善体质，提高免疫力，在饮品升级的同时，让健康瘦身也随之升级。

瘦身蔬果汁符合回归自然的要求，而且价廉物美，疗效确切，安全可靠，制作简便，人人能做，家家可办。只要开始动手试一试，相信不久之后，你也能如愿以偿地置身于窈窕者的行列。

contents

目录

目录

contents

目录

排毒有妙招：轻松简单排除毒素

目录

第二章
纤体 消脂瘦身蔬果汁

消脂瘦身：让脂肪无处藏身

排毒纤体：塑造完美身体曲线

contents

目录

调节肠道：肠道畅通每一天

目录

防止水肿：瘦，并健康着

contents

目录

第三章

补体 食疗保健蔬果汁

活力十足：瘦要瘦得活力四射

保健养生：瘦要瘦得健健康康

contents

目录

contents

目录

防癌抗老：瘦要瘦得青春永驻

第四章

养颜美白蔬果汁

美白亮肤：让你的肌肤洁净亮白

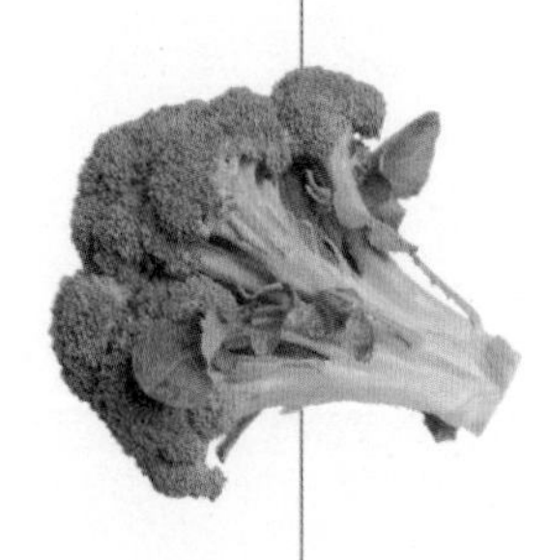

目录

淡化斑纹：斑纹淡化消失，肌肤重现水嫩光泽

目录

目录

第五章 健康养颜花果醋

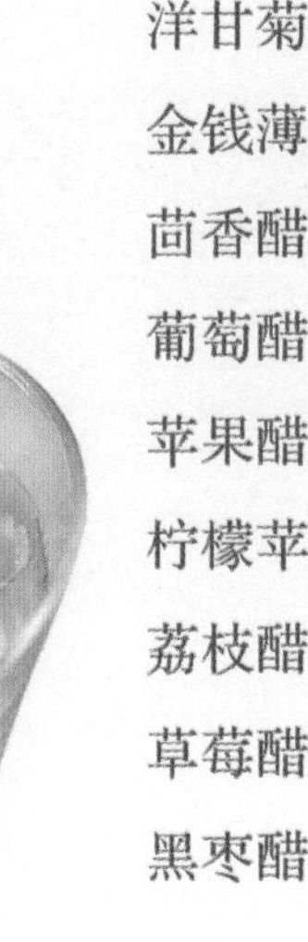

阅读导航

yuedudaohang

我们在此特别设置了阅读导航这一单元，对文中各个部分的功能、特点等作一说明，这必然会大大地提高读者在阅读本书时的效率。

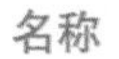

蔬果汁名称介绍

材料

制作本蔬果汁主要材料的名称及用量

做法

制作本蔬果汁的详细步骤介绍

猕猴桃梨汁

• 通顺肠道，软化血管

果汁热量 90kcal

操作方便度：★★★☆☆

推荐指数：★★★★☆

● 材料

猕猴桃50克，梨子100克，柠檬50克，冰块适量。

● 做法

① 将猕猴桃剥皮后切成三块。② 梨子去皮、核，切成小块；柠檬切成片。③ 梨子、猕猴桃、柠檬都放入榨汁机内榨成汁。④ 往做好的果汁内依个人喜好加入冰块即可。

● 食疗作用

此饮为猕猴桃和梨子的综合果汁，但都保留了水果的原味。猕猴桃营养丰富，对消化不良等症状有一定的改善作用；而梨子水分充足，能软化血管，对大便燥结病症有一定的功效。

营养成分

膳食纤维	蛋白质	脂肪	碳水化合物
4.5g	1.6g	1.3g	12.7g

桃子香瓜汁

• 强心固肾，缓解便秘

果汁热量 96kcal

操作方便度：★★★☆☆

推荐指数：★★★★☆

● 材料

桃子150克，香瓜200克，柠檬50克，冰块50克。

● 做法

① 桃子洗净，去皮、去核，切块；② 香瓜去皮，切块；柠檬洗净，切片。③ 将桃子、香瓜、柠檬放进榨汁机中榨出果汁。④ 将果汁倒入杯中，加入少许冰块即可。

● 食疗作用

缓解便秘，改善肾病、心脏病，同时还有利尿的功效。依个人口味和喜好，也可以加入盐或蜂蜜调味。

膳食纤维	蛋白质	脂肪	碳水化合物
1.7g	1.6g	0.9g	19.3g

44 图解瘦身养颜蔬果汁速查全书

食疗作用

介绍本蔬果汁对人体健康的影响

营养成分

混合蔬果汁中所含的主要营养成分明细

等级推介

操作及推荐指数，本蔬果汁热量明细

蜜桃汁

减肥

果汁热量 90kcal

操作方便度：★★★☆☆
推荐指数：★★★★☆

材料

酪梨100克，水蜜桃150克，柠檬50克，牛奶适量。

做法

① 将酪梨和水蜜桃洗净，去皮、核。② 柠檬洗净，切成小片。③ 将酪梨、水蜜桃、柠檬放入榨汁机内榨汁。④ 将果汁倒入搅拌机中，加入牛奶，搅匀即可。

食疗作用

此饮具有滋养、柔软肌肤，通便利尿的功效，对排出体内毒素有一定帮助。

碳水化合物
13.7g

第一章 清体 排净毒素蔬果汁

苹果白菜汁

• 排除毒素，健体防病

，柠檬30克，冰块少许。

块。白菜洗净，卷成卷。
先把带皮的柠檬用榨汁
菜和苹果，压榨成汁。
再依个人口味调味即可。

非出体内的毒素。榨汁时切
子较容易榨汁。

营养成分

膳食纤维	蛋白质	脂肪	碳水化合物
1.7g	0.9g	0.4g	14.9g

图解瘦身养颜蔬果汁速查全书 45

果汁美图

制作精良、色彩鲜艳的蔬果汁真品图，挑逗读者味蕾

低卡果汁速查表

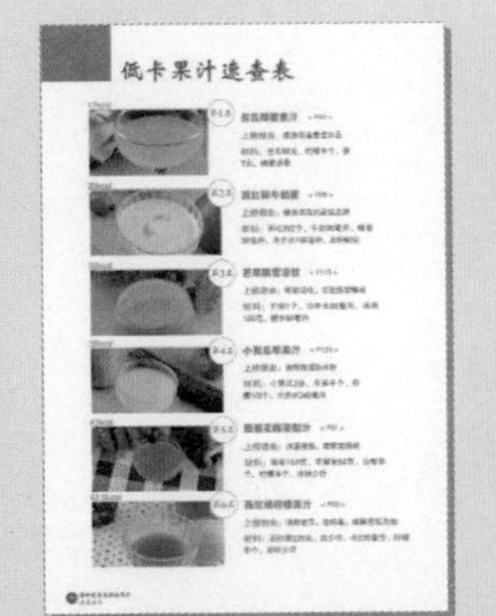

低卡路里果汁排名，哪种果汁既美味又不会使体重增长，有了排行榜，这些就一目了然地呈现在眼前。

自制蔬果汁的十大要诀

在家DIY蔬果汁并不是随意的选择几样原料，随性地放在一起，搅拌压榨就可以的，也是有一定的原则要遵循的。

制作蔬果汁常见的10大主角

适宜制作果汁的10大蔬果，他们不仅颜色鲜艳、味道爽口，同时营养成分丰富，与其他蔬果调和在一起，能够起到提味、增强实用性的作用。

低卡果汁速查表

17kcal

第1名

苦瓜蜂蜜姜汁 < P49 >

上榜理由：瘦身排毒最佳饮品

材料：苦瓜50克、柠檬半个、姜7克、蜂蜜适量

29kcal

第2名

西红柿牛奶蜜 < P89 >

上榜理由：瘦身美容的最佳选择

材料：西红柿2个、牛奶90毫升、蜂蜜30毫升、冷开水100毫升、冰块60克

32kcal

第3名

芒果飘雪凉饮 < P115 >

上榜理由：帮助消化，促进肠胃蠕动

材料：芒果1个、冷开水30毫升、冰块120克、糖水50毫升

38kcal

第4名

小黄瓜苹果汁 < P129 >

上榜理由：清理肠道防水肿

材料：小黄瓜2条、苹果半个、柠檬1/3个、冷开水240毫升

42kcal

第5名

葡萄花椰菜梨汁 < P51 >

上榜理由：改善便秘，缓解胃肠病

材料：葡萄150克、花椰菜50克、白梨半个、柠檬半个、冰块少许

42.5kcal

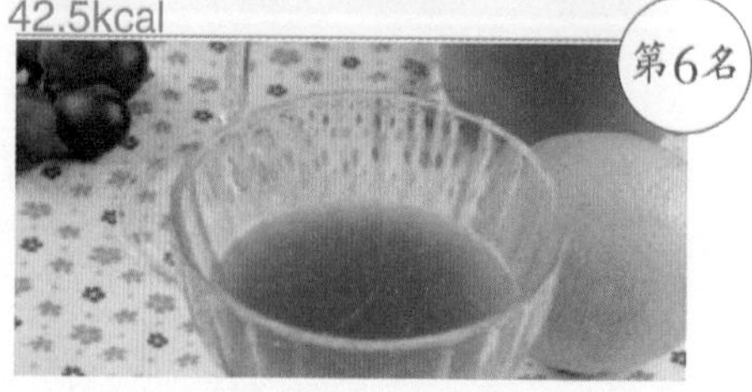

第6名

西红柿柠檬果汁 < P59 >

上榜理由：消除疲劳，助排毒，缓解肾脏负担

材料：西红柿220克、盐少许、水220毫升、柠檬半个、冰块少许

43kcal

第7名

西红柿鲜蔬果汁 < P109 >

上榜理由：清理肠胃，净化血液

材料：西红柿150克、西芹2条、青椒1个、柠檬1/3个、矿泉水1/3杯、冰块少许

43kcal

第8名

苹果柠檬汁 < P91 >

上榜理由：降低过旺的食欲，防止发胖

材料：苹果60克、柠檬半个、开水60毫升、碎冰60克

46kcal

第9名

小黄瓜蜂蜜饮 < P119 >

上榜理由：消除肌肤的多余水分

材料：小黄瓜1个、柠檬适量、蜂蜜适量、水适量

46kcal

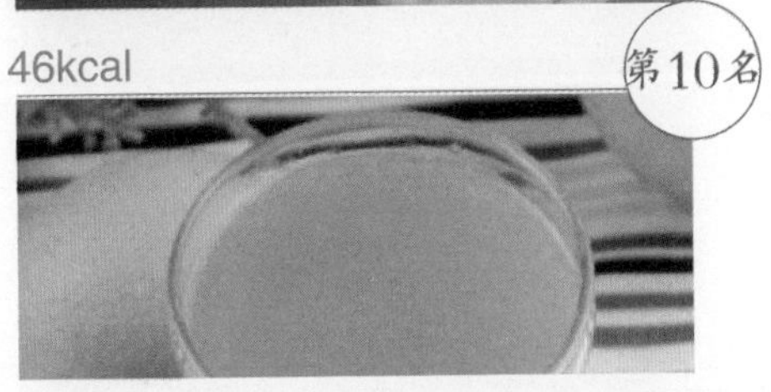

第10名

柠檬葡萄柚汁 < P76 >

上榜理由：排尽毒素自然瘦得健康

材料：柠檬半个、西芹80克、葡萄柚100克、冰块少许

48.5kcal

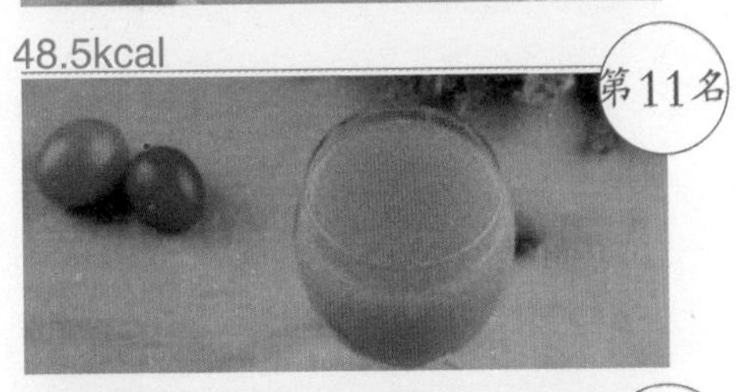

第11名

西红柿海带饮品 < P117 >

上榜理由：预防大肠癌

材料：西红柿200克、海带（泡软）50克、柠檬1个、果糖20克

48.7kcal

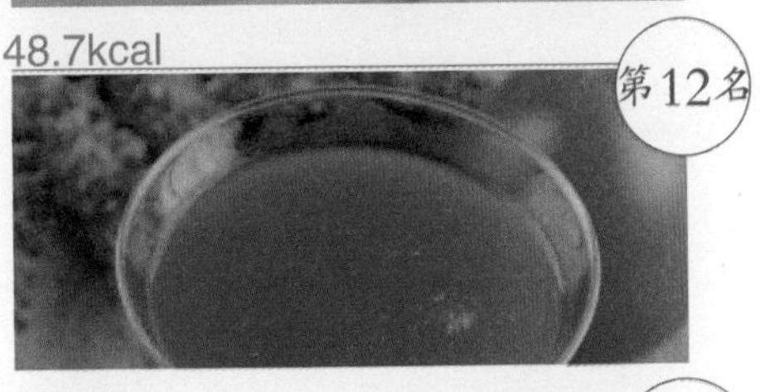

第12名

西红柿蜂蜜汁 < P101 >

上榜理由：改善血液的成分，抑制脂肪肝的形成

材料：西红柿2个、蜂蜜30毫升、冷开水50毫升、冰块100克

49kcal

第13名

南瓜汁 < P50 >

上榜理由：帮助身体排毒，预防脱发、便秘

材料：南瓜100克、椰奶50毫升、红砂糖2汤匙

瘦身测试——选择适合你的瘦身方法

如何瘦身一直是过去、现在、甚至未来最热门的话题。人类究竟是如何肥胖起来的？为何肥胖只在一瞬间，而瘦身又如此之难呢？如果能找到一种在一瞬间既可瘦身，又能保持身体健康的减肥方法，势必会在世界各地引起一阵轰动。其实，这一刻的到来，并不是不可能的。只是，究竟何时到来，我们不得而知，而且也不可能迟迟等到那一刻来临时，才开始瘦身。因为想瘦身的心情是那样地迫切，所以建议大家必须用目前最好的方法来瘦身。

在你实施瘦身计划之前，先来做个小测试吧！对自己有了全面的认识，这样瘦身就会有的放矢，百战百胜。

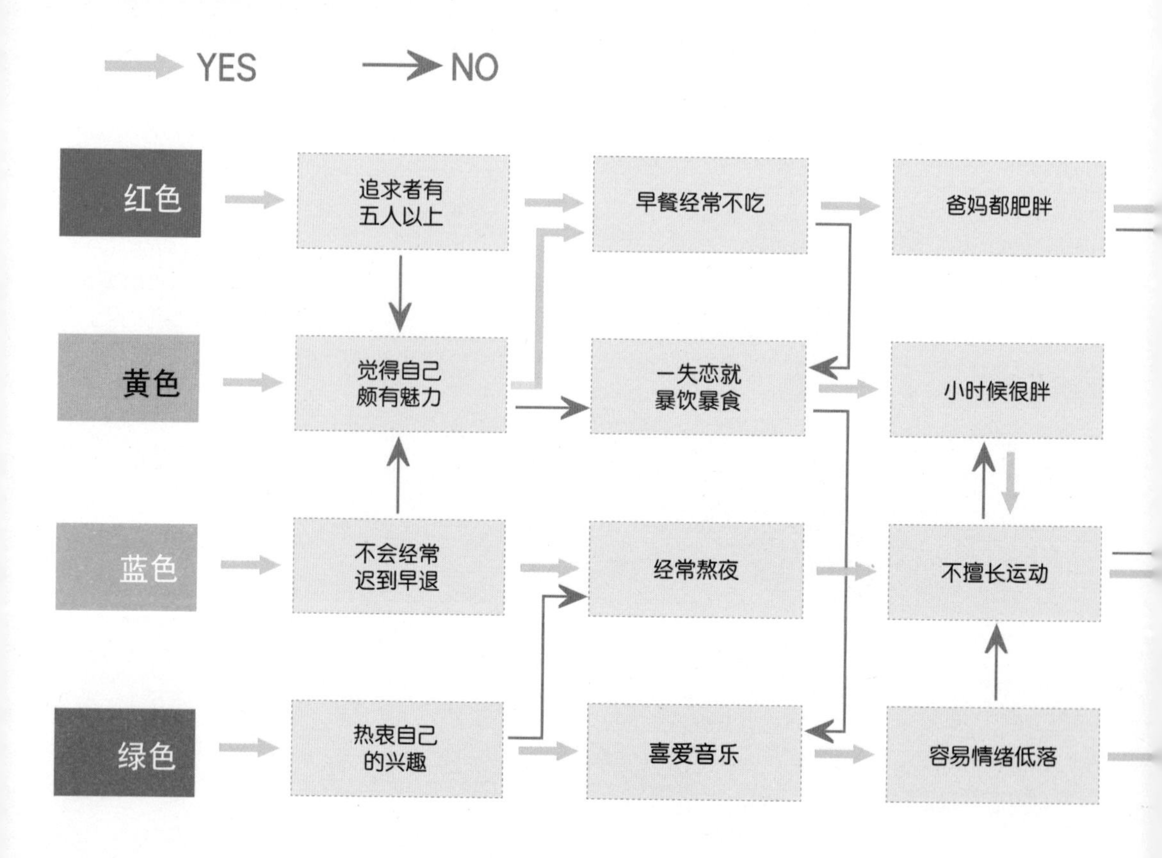

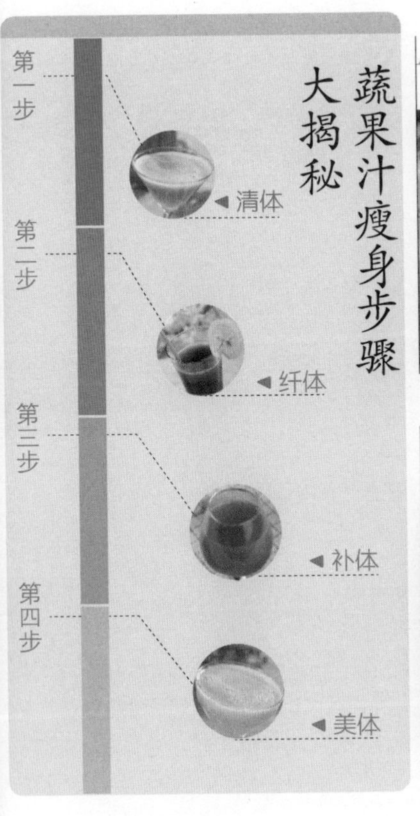

A 清体蔬果汁 吃得太多型

想必你是个个性活泼且朋友众多的人。你常结伴在外聚餐或是喜欢和家人齐聚一堂，一边聊天，一边吃饭，所以你容易在不知不觉中吃得过多，或是营养不均衡而导致体重超标。如果你想瘦身成功就必须调整自己的饮食习惯，

B 纤体蔬果汁 意志薄弱型

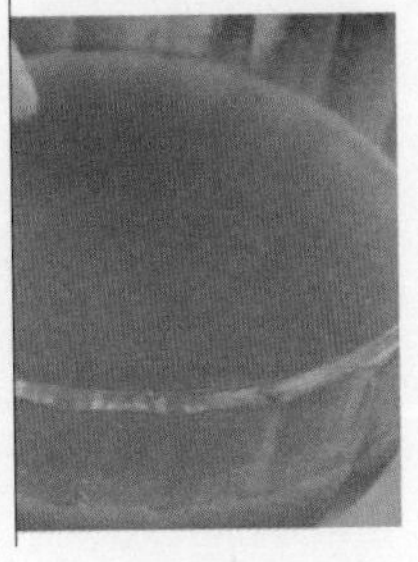

各种瘦身都试过了，就是瘦不下来啊！一开始就对自己缺乏信心，或是瘦身期间看到甜食就管不住嘴巴，如此意志不坚定，当然经常失败。你是否犯了这种毛病呢？为了瘦身成功，

C 补体蔬果汁 压力沉重型

性情温柔的你总是很在意周遭人对你的看法，所以对朋友、家人不免拘谨了些。或许你本身没有察觉，而无形中压力却在逐渐堆积，所以你减肥成功的关键在于缓解压力，

D 美体蔬果汁 运动不足型

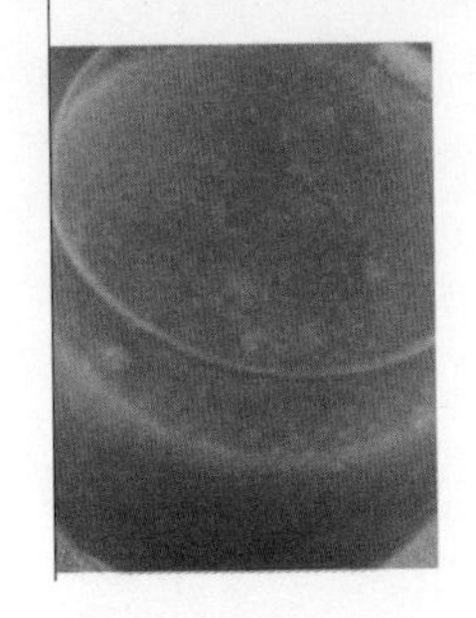

你是不是觉得运动挺麻烦的，所以下班后就回家睡觉，假日哪儿也不爱去。如果你想减肥成功，就不能这样继续下去了。下班后刻意地兜个圈子多走几步路，养成有空就活动活动身体的习惯。

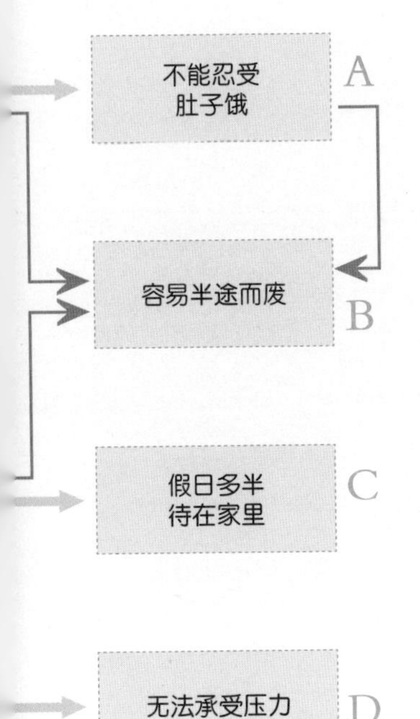

好用工具大集合

果汁机 GUOZHIJI

最优特色

香蕉、桃子、木瓜、芒果、香瓜及西红柿等含有细纤维的蔬果，最适合用果汁机来做果汁，因为会留下细小的纤维或果渣，和果汁混合会呈现浓稠状，成为不但美味又具有口感的果汁。而纤维较多的蔬菜及葡萄，也可以先用果汁机搅碎，再用筛子过滤。

使用方法

1. 将材料的皮及籽去除，将其切成小块，加上水搅拌。
2. 材料不宜一次放太多，要少于容器容量的1/2。
3. 搅拌时间一次不可连续操作2分钟以上。如果果汁搅拌时间较长，需休息2分钟，再开始操作。
4. 冰块不可单独搅拌，要与其他材料一起搅拌。
5. 材料投放的顺序：先放切成块的固体材料，再加液体搅拌。

清洁建议

①使用完后应马上清洗，将里面的杯子拿出泡过水后，再用大量水冲洗、晾干。

②里面的钢刀，须先用水泡一下再冲洗，最好使用棕毛刷清洗。

果菜榨汁机 GUOCAIZHAZHIJI

最优特色

适用于较为坚硬、根茎部分较多、纤维多且粗的蔬果，如：胡萝卜、苹果、菠萝、西芹、黄瓜等。果菜榨汁机能将果菜渣和汁液分离，所以最后打出来的会是较为清澈纯净的蔬果汁。

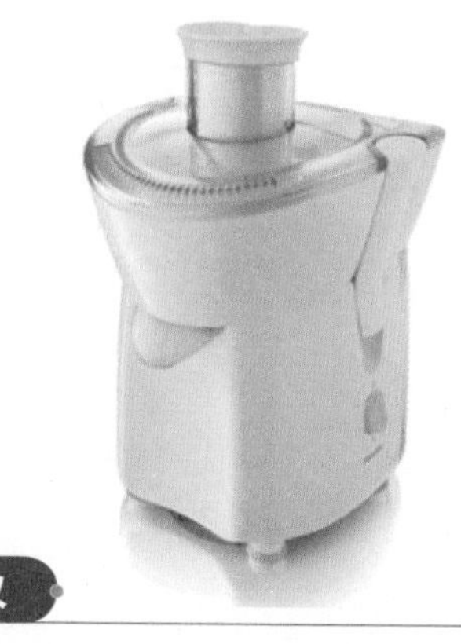

使用方法

1. 把材料洗净后，切成可以放入给料口的大小。
2. 放入材料后，将杯子或容器放在饮料出口下，再把开关打开，机器会开始运作，同时再用挤压棒在给料口挤压。
3. 纤维多的食物，直接榨取，不要加水，采用其原汁即可。

清洁建议

①若单用于榨水果或蔬菜上的话，则用温水冲洗并用刷子清洁即可。

②若是使用了鸡蛋、牛奶或油腻的东西，则可在水里加上一些洗洁剂，转动数回，则可洗净。无论如何，使用完之后立刻清洗才是最重要的。

压汁机 YAZHIJI

最优特色

相当适用于制作柑橘类水果的果汁，和果汁混合会呈现浓稠状，成为不但美味又具有口感的果汁。而纤维较多的蔬菜及葡萄，也可以先用果汁机搅碎，再用筛子过滤。

使用方法

水果最好以横切方式，将切好的果实覆盖其上，再往下压并且左右转动，就能够挤出汁液。

清洁建议

①使用完应马上用清水清洗，而压汁处因为有很多细缝，需用海绵或软毛刷清洗残渣。

②清洁时应避免使用菜瓜布，因为会刮坏塑料，容易让细菌潜藏。

砧板 ZHENBAN

最优特色

搅拌棒有多种材质、颜色及款式，

使用方法

蔬果和肉类的砧板分开来使用，除可以防止食物交叉感染外，也可以避免蔬果沾染肉类、辛香料的味道。

清洁建议

①塑料砧板每次用完后要用海绵清洗干净并晾干。

②不要用高温清洗，以免砧板变形。

③每星期要用漂白水泡一分钟左右，再用大量开水冲

搅拌棒 JIAOBANBANG

最优特色

搅拌棒有多种材质、颜色及款式，但无论什么材质，都是能让果汁中的汁液和溶质均匀混合的好帮手，底部附有勺子的搅拌棒能让果汁搅拌得更加均匀，而没有附勺子的则较适合搅拌没有溶质或溶质较少的果汁。

使用方法

果汁制作完成后，倒入杯中，这时再用搅拌棒搅匀即可。

清洁建议

使用完后立刻用清水洗净、晾干即可。

磨钵 MOBO

最优特色

适合在卷心菜、菠菜等叶茎类食材要制成蔬果汁时使用。此外，像葡萄、草莓、蜜柑等柔软、水分又多的水果，也可用磨钵作成果汁。

使用方法

首先，要将材料切细，放入钵内，再用研磨棒捣碎、磨碎之后，用纱布将其榨干。在使用磨钵时，要注意材料、磨钵及研磨棒上的水分要拭干才好。

清洁建议

使用完毕要马上用清水清洗并擦拭干净。

自制蔬果汁的十大要诀

一 要使用新鲜的材料

蔬菜和水果如果存放的太久，其营养价值会大打折扣，所以应该尽量选用新鲜的材料榨汁，如果材料有损坏，一定要把损坏的部位去掉后再使用。

二 制作过程要快速一些

为了减少维生素的损失以及防止蔬果口感变差，在制作过程中动作应该快一些，不要拖沓。尤其是在利用榨汁机压榨果汁的时候，更应该在较短时间内完成。

三 蔬果材料最好混合搭配

蔬菜类的食物榨成汁后大多口感很不好，所以可以添加一些水果搭配使用，以调和口味，同时还能使蔬果汁的营养均衡一些，尤其水果中的苹果，是最百搭的品种之一。

四 柠檬尽量要最后放入

蔬菜类的食物榨成由于柠檬的酸味比较浓，制作蔬果汁的时候它的酸味容易影响到其他食材的口感，所以应该尽量最后放入柠檬汁，这样不但不会破坏果汁的口味，反而会为蔬果[illegible]加香气。

五 首选陆地栽培的水果蔬菜

只有沐浴在阳光下的蔬果才富含多种营养，同时这种蔬果口感也更好，所以应该更多的利用陆地蔬果，同时还要注意，最好选用应季蔬果。

六 要将蔬果水汽去掉

蔬果在清洗干净后，应该将其表面的水汽彻底去除，这样才能保持蔬果的新鲜度。

七 尽量去掉水果的表皮

为了减少维生素的虽然水果表皮的维生素和矿物质可能要比果肉中的多，但是目前我们在市场上所买的水果，果皮上常涂有蜡或附着防腐剂，此外，还可能有很多残余农药，所以为了安全起见，还是去皮使用。

八 巧妙使用冰块

不好喝的蔬果汁加上冰块口感会稍微好一些。另外，搅打食物的时候，可以先放入冰块，这样不但可以减少榨汁过程中产生的气泡，还能防止营养成分发生氧化。

九 材料需要放入冰箱冷藏

采用的材料为了口感更好，可以先冷藏一下再使用；香瓜类的食物可以先去除种子后再裹以保鲜膜保存。

十 榨完的果汁要及时饮用

为了保留果汁中的营养素不被氧化，制成的果蔬汁最好在两小时内饮用完。

果蔬存储面面观

	存储方法
藕	整个包起来放置于冰箱内，可以保存7～10天。
草莓	不要清洗，只去掉梗，盖上保鲜膜放入冰箱就可以。
西芹	清洗干净后，将叶和茎分别包裹于牛皮纸里，然后再放入塑料袋，或者包裹于潮湿的毛巾中再置于冰箱即可。
葡萄	不要清洗，以干燥状态放入报纸中包好，一周内要食用完。
地瓜	不要清洗，原封不动地放在阴凉处就可以，这样状态下，地瓜可以保存4～5个月。
猕猴桃	购买猕猴桃时，应该选购稍硬一些的，在常温下保存三天后再放入冰箱，这样可以存放两周左右。
甜椒	每个甜椒要分开保存，不要放在一起，以免其腐烂。

	存储方法
黄瓜	用纸包好放置于阴凉处即可。
萝卜	去除叶子和根须，用报纸包好放在阴凉通风处。
胡萝卜	用报纸包好放在阴凉处，能够保存1个月左右。
土豆	土豆放置时间长容易长芽，如果和苹果放在一起，就可以避免这种情况。
甘蓝	剔除根部，然后用报纸包好，能防止甘蓝叶子打蔫。
茄子	不可以用水冲洗，也不能磕碰，放置在阴凉处即可。
香蕉	将其切块后放入冰箱中冷藏保存；要想防止其变黑，可以滴一些柠檬汁在上面。
 西瓜	去除瓜皮和瓜子后冷藏保存即可。

苹果 apple

全方位的健康水果

拉丁语学名：malus pumila
分类：蔷薇科苹果属
原产地：高加索北部
别名：pomme apfel

苹果以其独特的香味和超高的营养物质赢得了各国人民的喜爱。它含有丰富的维生素、矿物质和有机酸。其中食物纤维的含量更是惊人。可溶性的食物纤维果酸和不溶性的纤维素共同担负起了抑制胆固醇升高的重任。除此之外，苹果内的多元酚类物质由于其极低的卡路里含量，不仅可以防止肌肤的老化，而且对于女孩子减肥也能起到很好的效果。

苹果如果在冰箱里冷藏时间过久，不仅会失去它原有的『清香味』，而且在口感上也会变得差强人意。

良品辨选

山富士是将富士苹果不装入特定的袋子中，天然栽培的品种之一。它比普通富士颜色更艳一些，且味道更甜。

保存方法

苹果在和其他水果一起储存的时候，会释放出乙醇气体，它可以当做一种很好的“催熟剂”来使用。但是对于“土豆”这种特殊的蔬菜而言，和苹果放在一起，非但不会加速它的成熟，反而可以起到推迟发芽的功效呢。虽说是这样，苹果在保存的时候，对周围环境很是“挑剔”，如果我们要把它放在冷藏室内，一定要使用密封袋把它裹紧，并且要注意将温度再稍微调低一些。

甘甜的味道来自哪里？

将苹果一切两半，在苹果籽的周围你会发现有一部分颜色略深，就这是我们通常所说的“甜味的源头”，也被人们称之为“蜜”。等待它完全熟透后，苹果体内的糖度就会大大增加，从而在味道上就变得越发的香甜。

轻松挑选成熟苹果

随着苹果逐渐地成熟，它的果皮会变得越来越红，底部也会由绿色向黄色逐渐转变。根据品种的不同，完全成熟后它的表面会分泌一种天然蜡的物质，这对果皮可以起到很好的保护作用。

减低胆固醇，预防心脏病的小食谱——苹果炒猪肉

食材

苹果……1 个　　猪肉……适量
大蒜……1 瓣　　盐、酱油……适量
白葡萄酒……半杯　　沙拉油……适量

做法

① 将苹果去皮、去籽，切成丝。猪肉去筋，切成丝后用酱油和盐腌制。
② 在锅中倒入油，将切好的蒜片放入锅中炒香。然后放入腌制好的猪肉。
③ 猪肉 6 成熟的时候，在锅中倒入葡萄酒调味。最后放入苹果丝翻炒后盛盘。

香蕉

banana

守护健康的『能量』勇士

拉丁语学名：Musa sapientun

分类：芭蕉科芭蕉属

原产地：东南亚

别名：Bananaasfeige

最佳食用时期：全年

作为一名能够有效帮助肠道消化的『能量勇士』——香蕉不仅得到了众多运动健将的青睐，而且它还能够迅速补充身体因长时间运动而流失的矿物质！众所周知，香蕉内含有丰富的糖类，它能够在进入人体后迅速转化成易于吸收的葡萄糖，进而降低低血糖的发病率，对人体来说，是一种快速的能量来源。

另外，香蕉还和众多的多元酚物质一样，具有抗氧化的功效。在所有的蔬菜水果中，它可以称得上是美白护肤的佼佼者了！除此之外，它可以缓解动脉硬化，提高人体免疫力，益气安神，这些个独特的功效都令它成了老百姓餐桌上的『常客』。

香蕉属于热带水果，如果我们将它放置在温度过低的环境中，则不利于它的持久保鲜。所以温度一旦低于13摄氏度的话，它不仅会长出『恼人』的黑斑，甚至口感也会变得差强人意了！

香蕉的品种

台湾香蕉

因为是台湾当地所产，所以以此命名。也有的人称它为“北蕉”或是“仙人蕉”。主要特点黏黏糊糊的且气味清香。

烹调类香蕉

热带地区的人们经常食用的香蕉品种之一。不仅可以生吃，也可用来做菜。预热后，口感更接近于芋头。

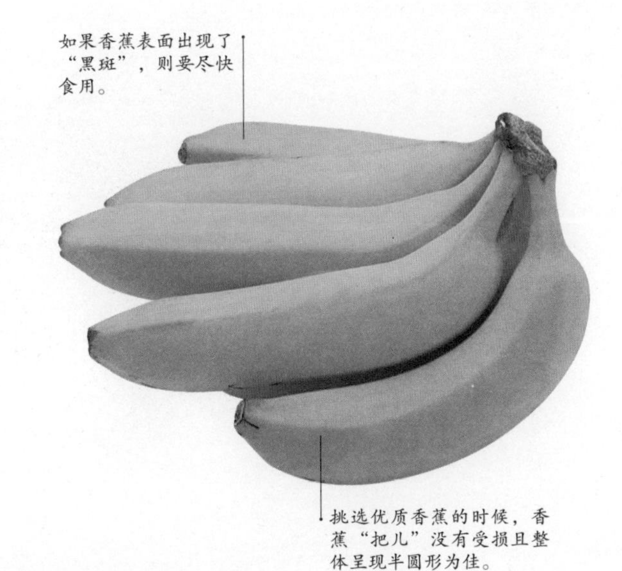

如果香蕉表面出现了“黑斑”，则要尽快食用。

挑选优质香蕉的时候，香蕉“把儿”没有受损且整体呈现半圆形为佳。

保存方法

如果是刚买的香蕉，则需要先将它“吊”起晾晒，经过1~2天，等待它彻底熟透。然后将每根香蕉从“把儿”上掰下来，用保鲜膜包好，放进冰箱的冷藏室内。

预防高血压&心脏病的小食谱

食材

香蕉……2根

柠檬汁……2小勺

奶酪……2大勺

蜂蜜……适量

做法

① 将香蕉去皮后，切成3cm~5cm大小的小块，然后用柠檬汁充分浸泡。

② 在每一段香蕉上放上一些奶酪，如果喜欢口味略甜一些，浇上些蜂蜜即可。

营养好喝的蔬果汁搭配

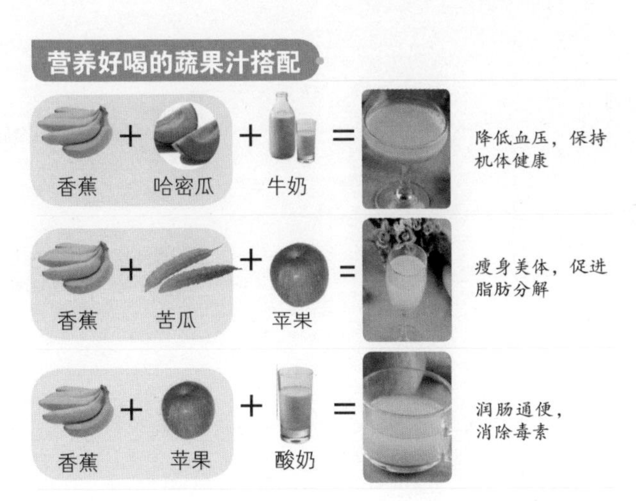

葡萄 grape

果糖&葡萄糖的双重作用，帮你瞬间摆脱疲劳，恢复身体元气

拉丁语学名：Vitis vinifera
分类：葡萄科葡萄属
原产地：北非
别名：Traube

用『汁多味美』来形容葡萄，应该是再贴切不过了吧！别看一粒葡萄体型虽小，可是却蕴含了丰富的果糖和葡萄糖。因为这两种成分会在人体内瞬间形成能量源，所以能够快速缓解工作后的疲劳感，轻轻松松恢复身体的元气！

提起葡萄，人们不免会想到葡萄酒。每天适量饮用葡萄酒的人，患心脏病的几率会大大降低。这是由于葡萄皮和葡萄籽中含有一种抗氧化的酚类物质——白藜芦醇，经研究发现，它不仅具有抗氧化、防衰老的功效，对于治疗近视和缓解肝硬化都有着显著的效果。

我国有句绕口令『吃葡萄不吐葡萄皮』，如果从营养价值的角度来看的话，连皮带籽地咽下去，可称得上是最营养的吃法了。

葡萄的甜度是越靠近藤蔓部分越高，所以吃葡萄的时候，按照从下往上的顺序品尝，是可以在味蕾中感受到不同部位甜度差别的。

保存方法

将洗好的葡萄用保鲜袋装起来，放进冰箱的冷藏室，2~3 天内食用是没有问题的！这样做不但不会造成营养成分的流失，而且还能保持葡萄的鲜度。但如果冷藏的时间过长，葡萄的甜度会逐渐下降，口感也会变得差强人意。

抗氧化高手——葡萄皮&葡萄籽

葡萄皮和葡萄籽中蕴含了丰富的酚类物质白藜芦醇，因此具有超高的抗氧化能力，既健脾又养胃。如果我们把葡萄经过一系列加工，制成葡萄干的话，那么它的营养成分非但没有降低，反而会大大增加！这又是怎么一回事呢？其原因就在于经过加工后的葡萄，其体内的矿物质元素被大量释放，进入人体后又能很好地被吸收。所以常吃葡萄干的人，患有贫血和骨质疏松的概率会低得多。

美肤+防癌，把健康体质“喝”出来的食谱——葡萄番茄汁

食材

去籽葡萄……100 克
西红柿……100 克
红葡萄酒……3 大勺

做法

① 将西红柿去蒂，洗干净之后切成大块。葡萄分成一粒一粒的，与西红柿一起放入冷冻室内冷冻。

② 从冷冻室内取出葡萄和西红柿，分别倒入榨汁机中，并洒上预先准备好的红葡萄酒，打碎后即可饮用。

营养好喝的蔬果汁搭配

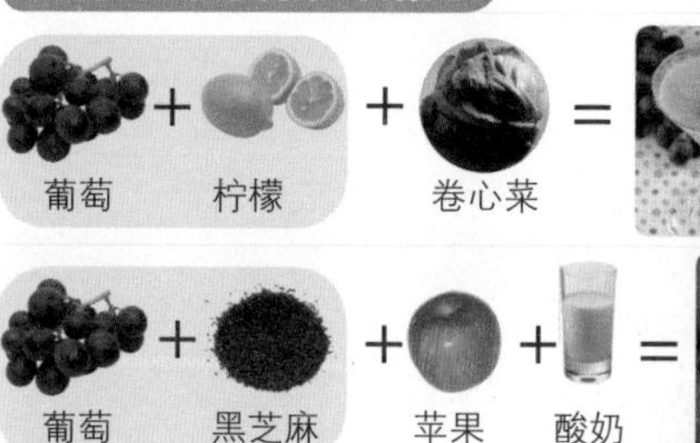

缓解青春痘，使皮肤细腻光泽

抗氧化，预防肌肤衰老

降低血压，预防癌症

草莓

srrawberry

每天七粒草莓——随时随地补充身体中流失的维生素C

每当我一看到草莓，就会立即被它那诱人的心形外表所吸引，仅仅是闻到它散发出的那浓郁的水果芳香，我便恨不得能立刻咬上一口！别看草莓的体型虽小，体内却蕴含了丰富的营养物质，例如：维生素C、叶酸、膳食纤维等等。如果每天都能够坚持吃上七粒草莓的话，不仅可以补充身体内流失的维生素C，还可以有效地预防感冒，增加胃动力，帮助肠道消化呢。除此之外，对于爱美的女孩子来说，草莓可称得上是『紧致肌肤的缔造者』而这又是为什么呢？其实，在草莓体内，还隐藏了一些不为人知的超能量，那就是它可以唤醒肌肤深层的细胞活力，减少因骨胶原流失而产生的皱纹，并且可以有效抑制黑色素形成后而产生的色斑。

拉丁语学名：Strawberry
分类：蔷薇科草莓属
原产地：南美
别名：士多啤梨

草莓的蒂部呈绿色，完全熟透的草莓，该部分会略微向下弯曲。如果蒂部尚未表现出枯萎的迹象，则能表明现在的草莓是很新鲜的！

判断草莓是否完全熟透有一个小方法，那就是如果连接蒂部的果实表面呈现红色，那么则说明这个草莓是完全熟透的。

草莓的果肉指的是它表面疙疙瘩瘩的那部分。而它周围的红色，我们则称它为“花床”。

保存方法

如果仅仅是想保鲜的话，那可不要清洗草莓哦！将它直接用保鲜膜包起来，放在冰箱的冷藏室里即可。但是如果我们想要隔几天吃上一次冰镇草莓的话，就一定要事先除去它的蒂部，用清水冲洗后，裹上一圈白砂糖，再放到冷冻室里。这样做不仅可以保持草莓的鲜度，更能够有效防止因一拿一放而导致的表面划伤。

提高免疫力，缓解身体疲劳，美肌效果百分百的小食谱——草莓菊苣沙拉

食材

草莓……5粒　菊苣……5棵
橄榄油……两大勺　白葡萄酒……一大勺
苹果醋……一大勺　盐、胡椒粉……少许
白砂糖……随意

做法

① 将草莓砸碎，在上面淋上橄榄油、苹果醋，撒上盐和少许胡椒粉做装饰。用勺子尝一尝味道，如果觉得甜度不够的话，可以略微撒上一些白糖。

② 将菊苣切成易于咀嚼的大小，与草莓充分搅拌，使味道充分浸透。

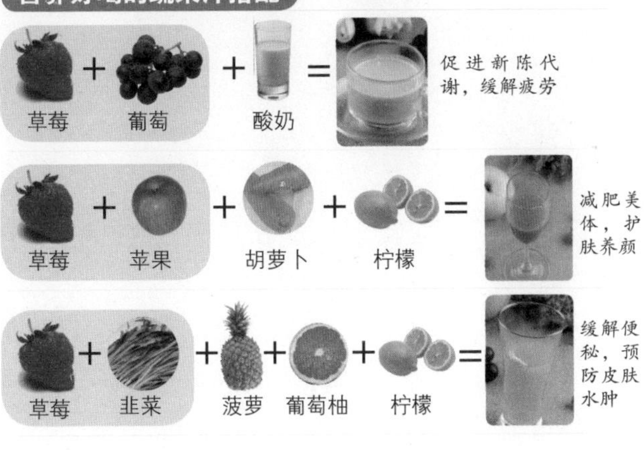

柑橘类

critus fruits

果皮也是最好的『药』

柑橘类是我们在一年四季中都可以品尝到的水果之一。它的果肉不仅富含多种维生素，甚至连橘皮与橘肉间的橘络都有增强毛细血管弹性、预防动脉硬化的功效。除此之外，它还被称为『维生素C之王』。它体内的纤维素和果胶物质，可促进肠道蠕动，有利于清肠通便，排除体内有害物质。橙皮性味甘苦而温，止咳化痰功效胜过陈皮，是治疗感冒咳嗽、食欲不振、胸腹胀痛的良药。

特别是中国温州所产的柑橘，因为富含了更多的营养物质，可以加速体内脂肪的分解，对女孩减肥塑身有着相当不错的功效。

拉丁语学名：Citrus reticulata Banco

分类：芸香科柑橘属

原产地：中国

柑橘类品种

巴伦西亚柑橘

一般被当地人称为“橘子”，主要产于美国，特点是汁多味美。

美娘橘

是柑橘类中的“高级品种”，栽培时需要花费过多的人力和物力，味道甜美多汁。

濑户橘

果皮光滑有质感，皮薄汁多且甜味足，比起温州橘，它的个头略大。

血橙

果肉呈血液的鲜红色，汁多。

脐橙

名字主要是源于英文中“navel”之意。底部有个“圆圆”的凸起是这类橙子的主要特征，一般在每年的2~3月份上市。

一般个头中等的柑橘，糖度略高。

好的柑橘一般果皮颜色鲜亮。

预防感冒，释放疲劳，缔造完美肌肤的小食谱——桑格利亚酒

食材

橙子……1个　　红葡萄酒……1杯

苹果……半个　　蜂蜜……1小勺

薄荷……根据个人喜好而定

做法

① 将水果充分清洗干净，用半个橙子先榨成汁，另一半则带皮切成小块。

② 将苹果带皮切成小块。

③ 1&2共同放入榨汁机中，依次倒入红葡萄酒和蜂蜜，然后开始榨汁，最后倒入玻璃杯中，用薄荷做装饰。

营养好喝的蔬果汁搭配

改善干燥肌肤，纤体丰胸

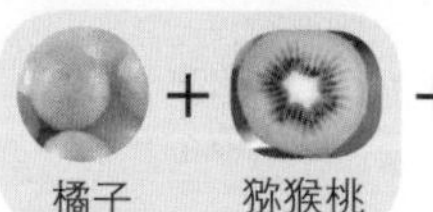

润肤美白，使皮肤洁净白皙

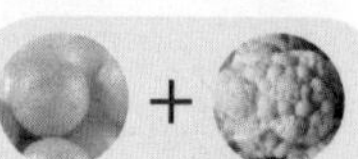

安神降压，清热解毒

奇异果

kiwifruit

『维C之王』令肌肤凝彩透白

拉丁语学名：Actinidia chinensis

分类：科猕猴桃属

原产地：中国

别名：Onimatatabi

酸酸甜甜的味道，入口即化的口感，奇异果凭借它独特的风格赢得了众多女孩子的芳心。而另一方面，丰富的维生素C&E、膳食纤维、钾等营养物质，不仅可以有效抵抗感冒的侵袭，而且还能够防止高血压和老年人便秘等发生。

特别是一个奇异果所含有的维生素C含量是普通柠檬的两倍多，它和维生素E共同协作，能够有效提升人体内抗氧化的能力，这令很多女孩子的肌肤可以持久保持凝彩水润的状态，从此远离皱纹和黑色素的袭击。除此之外，奇异果中含有一种可以有效分解体内蛋白质的酸——Actinidin，如果我们在摄入大量的肉食后，吃一两个奇异果，不仅能够促进肠胃消化，还能够平衡体内的酸碱度。

表皮中的绒毛颜色呈均一的茶色。

熟透的猕猴桃应该是握在手中有很柔软的感觉。

P33奇异果

保存方法

奇异果是很耐储存的水果之一。一般放入冰箱3~4个月都没问题。刚从超市买回来的奇异果很有可能还未完全熟透，如果和香蕉、苹果等放在一起的话，可以达到“催熟”的效果。

奇异果的种类

黄金奇异果

果肉的颜色偏黄且甜味重，顶部有个突出的“尖儿”。

Rainbow red

果肉由淡黄色逐渐变为绿色和深红色。酸味略淡，主要以甜味为主。产于日本静冈、福冈县。

Baby奇异果

成熟的果实大约为3cm左右，主要产于美国，果皮很薄，没有茶色的绒毛类物质。

促进肠胃消化，恢复胃动力的小食谱——奇异果煎猪排

食材

猪排……2个　　奇异果……2个

盐、酱油……少许　橄榄油……适量

做法

① 将奇异果去皮，果肉压碎过滤。将猪排用盐和酱油腌制入味。

② 在煎锅中放入适量橄榄油，待油温八成热时，放入猪排煎熟。

③ 倒入打碎的奇异果，盛盘即可。

营养好喝的蔬果汁搭配

哈密瓜

melon

瓜中之王——钾含量是西瓜的三倍

哈密瓜以其独特的香味和柔软的口感赢得了不少人的喜爱。它的含钾量很高，可以帮助人体排出多余的盐分，再加上它本身的含水量超过了百分之九十，进而对于一些高血压和假性肥胖疾病可以起到很好的预防作用。如果能在饭后吃上一两块哈密瓜，可谓是『永葆青春，保持身体健康』的『不老药』呢！

如果买回来的哈密瓜甜度略差的话，我们不妨先将它的籽剔出，榨成果汁或是放在冰箱里冷冻几个小时。这时候的味道应该会比原先的略甜一点。如果喜欢尝试一些新口味，不妨在哈密瓜汁中加入一些牛奶、日本酒之类的，为自己的生活也添加一点新的色彩吧！

拉丁语学名：Cucumis meio

分类：葫芦科甜瓜属

原产地：非洲东部

别名：Meione

越是接近于成熟的哈密瓜，它的香味就会愈发的浓烈。并且底部会微微变软。所以大家在挑选的时候可要擦亮双眼哦！

哈密瓜的藤蔓部分如果已经变得枯萎了，则说明这个瓜是完全成熟的，相反瓜瓤清脆，颜色偏青，则表明瓜体本身还没有完全熟透。

哈密瓜品种

Quincy

果肉呈现清爽的红色，口感爽滑清脆。

安第斯瓜

果实颜色属于清爽的绿色，不仅价格适中，味道也赢得了大多数人的认可。

Hanedyu

果实颜色偏绿，汁多味美，名字的含义是“蜜之滴”。

Red arusu

果实颜色偏红，在日本是传统的哈密瓜品种。

Marble

果肉颜色偏绿，果实呈“长圆形”，甜度适中，口感独特。

Hone run

安第斯瓜的杂交品种，果实颜色为白色，果肉偏软，适合中老年人食用。

保存方法

如果买回来的哈密瓜还没有完全熟透，那么最好将它置于常温下保存。若是切开后不能立即食用，则先剔出果皮和籽，用保鲜膜包好后放于冰箱的冷藏室内。但是需要注意的是一旦冷却的时间过长，哈密瓜的口感会有所欠佳。

增进食欲，提高胃动力的小食谱——哈密瓜酸奶

食材

哈密瓜……半个　　酸奶……200 克

牛奶……1 杯　　冰块……3~4 块

做法

① 将哈密瓜去皮去籽，切成大块，放入榨汁机中。

② 将剩余的食材一并倒入机器中，榨碎即可。

营养好喝的蔬果汁搭配

哈密瓜 + 木瓜 + 鲜奶 =

消除水肿、红润肌肤

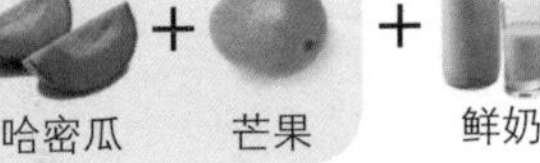

哈密瓜 + 芒果 + 鲜奶 =

缓解眼部疲劳，舒缓压力

西红柿

tomato

西红柿让你的肌肤变得滑溜溜

提起西红柿，除了它酸酸甜甜的口感之外，果皮上的大量红色素也是我们不能忽略的一个因素。你可别小看这薄薄的一层果皮，它的功效可大着呢！不仅可以抑制体内黑色素的形成，其超强的抗氧化能力更加可以预防动脉硬化和癌症等顽固性疾病。

除此之外，西红柿凭借自己独特的味道，赢得了诸多家庭主妇的青睐。它不仅可以去除鱼虾的腥臭味，还可以当做调味料使用，真可谓是一举多得！

拉丁语学名：lycopersicum esculentum

分类：茄科茄属

原产地：中美洲 南美洲

别名：tomate Tomate

在超市挑选西红柿的时候一定要注意，如果它的蒂部呈现明显的黑色，则说明这个西红柿是经过人工催熟的！

拿起来，掂掂西红柿的重量，如果感觉略微有些重的话，则说明它的含糖量很高。

保存方法

如果需要冷冻的话，就将西红柿整个放入冰箱即可。

番茄红素&维生素E的完美组合

想要充分发挥西红柿中番茄红素的超能量，那我们最好搭配芝麻或是花生这类含有维生素 E 的物质。两种食材都属于可溶性脂类，用油加热烹调会比生食效果更佳。西红柿中还含有能够加快维生素 C 活性的橡精类物质，与含有维 C 的食材搭配，可以起到美白肌肤的特殊功效。果皮部分也是能量的源泉，不要因为它口感欠佳就随意扔掉。

营养好喝的蔬果汁搭配

西红柿 + 蜂蜜 =

润肤护肝，预防癌症

西红柿 + 青椒 +

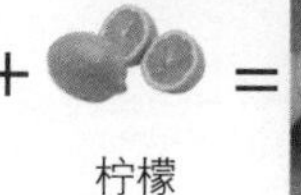

柠檬 =

润泽肌肤，净化血液

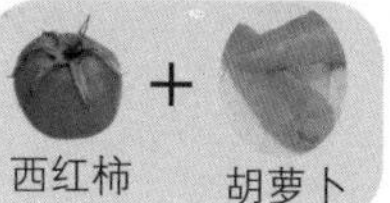

西红柿 + 胡萝卜 +

山竹 =

润肤美容，延缓衰老

预防癌症&保持头脑清醒的小食谱——西红柿面

食材

西红柿（大）……2 个　　挂面……2 人份

面汤……300 毫升

橄榄油……适量

做法

① 将西红柿剁成馅儿。

② 将西红柿馅儿放入适量的面汤中，加入少许橄榄油。

③ 将煮好的面条放入调好的汁中即可。

芹菜

celery

抑制焦躁情绪产生的独特香味

学名：Apium graveolens

分类：伞形科

产地：印度 亚洲西南部

别名：洋芹

芹菜的独特魅力就在于它那独特的香味和嚼在口中所发出的那『咯吱咯吱』的声音！在欧美等一些国家中，芹菜还被当做『强精剂』而使用。芹菜的根部富含了多种维生素和矿物质以及大量的粗纤维，这对于老年人的便秘可以起到很不错的缓解功效。而另一方面，芹菜的叶子中蕴含了丰富的叶红素，经常吃一些它的叶子，可以有效防止血液变得黏稠，所以，我们把芹菜买回家后，不要随意就将它的叶子扔掉哦。

芹菜的品种

水生芹菜

芹菜的改良品种，主要采用的是无土栽培的水生种植。比普通的芹菜小，且颜色呈较浅的白色。没有过多的"筋"，适于老年人食用。

保存方法

放入冰箱之前，最好将叶子和根茎部分开。如果在冰箱中"竖直"摆放的话，则保鲜的时间会更长。茎部若出现"打蔫儿"的状况，则可以放入冷水中浸泡一段时间，使其恢复原有的弹性。碰到不好嚼的部分，略微滴上点醋，这样会令口感变得柔软些。

强身健体，缓解疲劳的小食谱——香芹炒鸡肉

食材

芹菜……2 根　　鸡胸肉……1 块

白酒……2 小勺　　蒜……1 瓣

盐、胡椒……少许　芝麻油……少许

海鲜调味汁……1 勺

做法

① 将芹菜切成小段，用盐和胡椒粉将切好的鸡胸肉充分腌制入味。

② 将油锅烧热，放入蒜片和少量油，炒出香味后放入腌制好的鸡胸肉。

③ 等到鸡肉 6 成熟的时候，放入切好的芹菜一起炒，这时调制大火，分别倒入海鲜调味汁和白酒翻炒。鸡肉完全熟透后，关火盛入盘中，撒上一两滴香油即可。

营养好喝的蔬果汁搭配

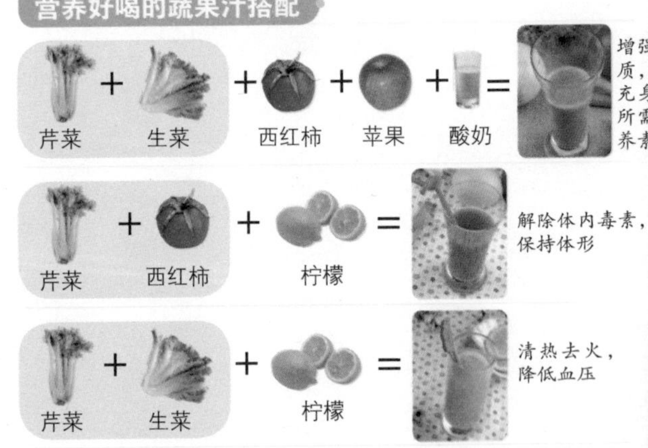

黄瓜

cucumber

尽情享受生吃以外的无限乐趣

学名：Cucumis sativus

分类：葫芦科黄瓜属

原产地：印度

别名：cucumber gurke

和其他的葫芦科蔬菜一样，黄瓜不仅含有维生素C、叶红素和多种矿物质，它体内的钾含量也是相当高的，这不仅可以帮助体内的钠离子迅速排出体外，还可以起到利尿、保持血压平衡的作用。

黄瓜不仅可以生吃，也可以腌制成多种口味各异的咸菜。如果和谷物类一起食用的话，还可以大大提升人体对钾的吸收。

保存方法

低温和干燥的环境不利于黄瓜的持久保鲜。最好选用潮湿的报纸把它裹起来再放入冰箱的冷藏室内。掰开的黄瓜水分流失会很快，所以我们最好洗完后就全部吃完。

黄瓜的“刺”？

黄瓜的白尖儿，我们一般称之为“刺”，其实它对黄瓜起到了不可替代的保护作用。带“刺”的黄瓜果皮略微发软，而不带“刺”的黄瓜果皮很硬。

黄瓜的底部是农药的“集聚地”，我们在削皮的时候，要多刮去一些。

如果买回来的黄瓜“体型不均”，中间细底端粗，则表明黄瓜内的大部分水分集中在了下方。

生吃别忘蘸点儿醋

黄瓜里含有一种名叫“Ascorbin”的抗坏血酸，它在一定程度上破坏了维生素C的分子结构，降低了人体对某些营养物质的摄入。这时候不妨蘸上一点醋，因为醋可以阻止Ascorbin酸的分解，起到一个保护维生素C的作用。

我们在市面上看到的“酸黄瓜”就是这样一种很好的健康食品，它不仅保留了黄瓜的所有营养物质，还在它原有的基础上添加了维生素B_1，这些都可以帮助我们轻松缓解工作后的疲劳感。

降低血压，缓解疲劳的小食谱——黄瓜浸裙带菜

食材

黄瓜……2根　　水发裙带菜……30克

米醋……1大勺　　姜丝……适量

做法

① 将黄瓜洗净，切成小段。裙带菜先用热水烫一遍之后用凉水冷却。

② 用米醋将二者充分搅拌。

③ 盛盘后撒上姜丝即可食用。

营养好喝的蔬果汁搭配

第一章·清体

排净毒素蔬果汁

草莓花椰汁　甜瓜优酪乳

猕猴桃梨汁　桃子香瓜汁

酪梨水蜜桃汁　苹果白菜汁　莓凤葡萄柚汁

南瓜汁　草莓大头菜瓜汁

现做蔬果汁，能保留蔬菜水果的原汁原味，也能保存完整的纤维和营养，因而可以有效帮助人体排除老废杂质及脏器中的毒素，达到清除体内垃圾的目的，而且也能够减缓压力、安稳睡眠，让你轻松瘦身。

紫苏菠萝酸蜜汁　苹果西芹柠檬汁　清爽柳橙蜜汁

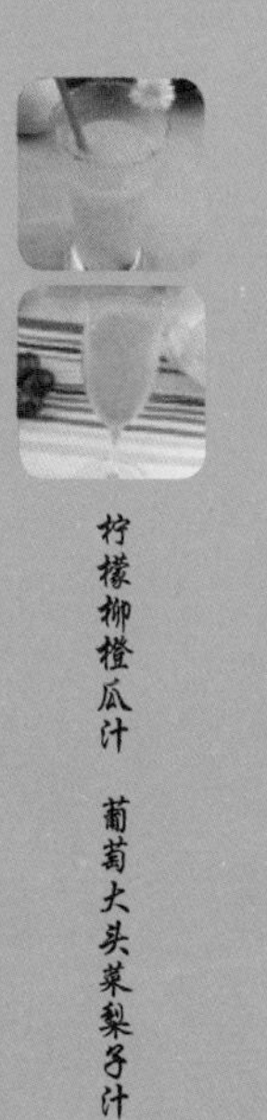

柠檬柳橙瓜汁　葡萄大头菜梨子汁

生活贴士

榨汁时加柠檬和菠萝味道会更加完美。常饮三果综合汁还有缓解肾脏病和痔疮的功效。

西瓜苹果梨汁

● 祛火排毒，清热解暑

果汁热量 153kcal

操作方便度：★★★☆☆
推荐指数：★★★★☆

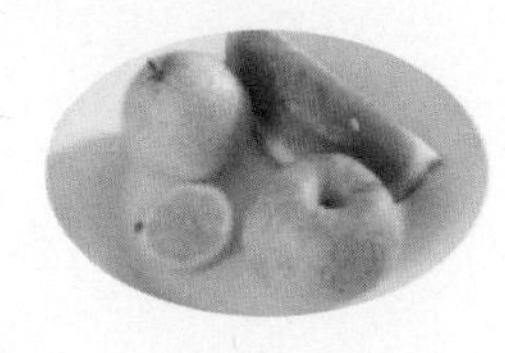

蔬果搭配

梨子……1个　　西瓜……150克
苹果……1个　　柠檬……30克
冰块……少许

料理方法

梨子和苹果洗净、去核、切块；西瓜洗净、切开、去皮；柠檬切块；将梨子、苹果和柠檬放入榨汁机中榨出汁；将榨出的果汁倒入果汁机中，加入西瓜搅匀，再加入少许冰块即可。

TIPS 榨汁时加柠檬和菠萝味道会更加完美。

食疗功效

西瓜的营养十分丰富，除含有大量的水分外，还含有多种维生素、矿物质、果糖等。中医认为：西瓜有清热解暑、缓解便秘、治疗口舌生疮等功效，利于排毒，故有“天生白虎汤”之称。

营养成分

膳食纤维	蛋白质	脂肪	碳水化合物
2.9g	1.4g	0.7g	31.4g
维生素B_1	维生素B_2	维生素E	维生素C
0.2mg	0.2mg	5.1mg	23mg

营养师提醒

✓ 西瓜买来尽快食用完毕。

✗ 不可多食，否则易伤脾胃，甚至引起腹泻，导致食欲下降。

三果综合汁

● 缓解便秘，预防癌症

果汁热量 90.9kcal

操作方便度：★★★☆☆
推荐指数：★★★★★

蔬果搭配

无花果……1个　　猕猴桃……1个
苹果……1个　　冰块……少许

料理方法

无花果去皮，对切为二；猕猴桃去皮、切块；苹果洗净、去核、切块；将材料交错地放入榨汁机，榨汁；往果汁中加入少许冰块即可。

食疗功效

无花果含有柠檬酸、蛋白酶和多种矿物质、维生素等，能帮助消化、防治高血压、提高人体的免疫能力，其果汁还能有效预防胃癌、肝癌的发生。无花果中含有的多种果酸还有抗炎消肿的功效。

营养成分

膳食纤维	蛋白质	脂肪	碳水化合物
0.4g	3.6g	10.8g	9.9g
维生素B_1	维生素B_2	维生素E	维生素C
0.1mg	0.2mg	0.7mg	96.4mg

营养师提醒

✓ 无花果应立即洗净食用，而干品应密封保存。

✗ 心脑血管疾病、脂肪肝等病的患者不宜食用；大便溏薄者不宜生食。

TIPS 常饮此汁还有缓解肾脏病、痔疮的功效。

草莓花椰汁

果汁热量 60.1kcal

操作方便度：★★★★☆
推荐指数：★★★★★

• 通便利尿，调节情绪

蔬果搭配

草莓…………20克
香瓜…………300克
花椰菜………80克
柠檬…………50克
冰块…………50克

营养成分

膳食纤维	蛋白质	脂肪	碳水化合物
1.7g	2.4g	0.5g	10.3g
维生素B_1	维生素B_2	维生素E	维生素C
0.1mg	0.1mg	0.9mg	96.4mg

食疗功效

此饮中的草莓富含多种有效成分，能治疗食欲不振、小便短少等症。经常饮用此蔬果汁能利尿、通便，还可以改善不良情绪。

料理方法

① 将草莓洗净。
② 香瓜削皮，切块；花椰菜洗净、切块；柠檬切片。
③ 将草莓和香瓜挤压成汁，再放花椰菜榨汁。
④ 加入柠檬，榨成汁后加入少许冰块即可。

草莓档案

产地	性味	归经	保健作用
北京、河北	性寒凉，味甘酸	肺、脾经	防癌，增强免疫力

成熟周期：结果 5月、6月（当年）

1月 2月 3月 4月 5月 6月 7月 8月 9月 10月 11月 12月

挑选草莓小窍门

挑选草莓的时候，我们一定要避免买到畸形草莓。有些草莓虽然色鲜个大，但颗粒上有畸形凸起，吃起来味道比较淡，而且果实中间有空心。这种畸形草莓往往是在种植过程中滥用激素造成的，长期大量食用这样的果实，有可能损害人体健康。

甜瓜优酪乳

果汁热量 115kcal

操作方便度：★★★★☆

推荐指数：★★★★☆

• 消除便秘，增强代谢

蔬果搭配

甜瓜…………100克

酸奶…………300克

蜂蜜…………30克

营养成分

膳食纤维	蛋白质	脂肪	碳水化合物
0.4g	3.6g	10.8g	9.9g
维生素B_1	维生素B_2	维生素E	维生素C
0.1mg	0.2mg	0.7mg	96.4mg

食疗功效

此果汁具有利尿、消除便秘的功效。酸奶能帮助消化、促进食欲，加强肠的蠕动和机体代谢，对改善便秘症状有很好的疗效。加上甜瓜的甜味，酸甜适中，风味独特。

甜瓜档案

产地	性味	归经	保健作用
山东 河南	性寒，味甘	心、胃经	清热解暑、利尿止渴

成熟周期：

当年：1月 2月 3月 4月 5月 6月 7月（结果） 8月（结果） 9月 10月 11月 12月

次年：1月 2月 3月 4月 5月 6月 7月 8月 9月 10月 11月 12月

挑选甜瓜小窍门

在挑选甜瓜时要注意比较一下果柄，如果果柄过粗，可能这个瓜沾了较多的生长素，口味自然差。好瓜的果柄既新鲜，又相对要细一些。

料理方法

① 将甜瓜洗干净，去掉皮。

② 将去皮后的甜瓜切块，切成可放入榨汁机的大小。

③ 放入榨汁机中榨成汁。

④ 将果汁倒入果汁机中，加入酸奶、蜂蜜，搅拌均匀即可。

猕猴桃梨汁

90kcal

操作方便度：★★★☆☆

推荐指数：★★★★☆

• 通顺肠道，软化血管

◎ 材料

猕猴桃50克，梨子100克，柠檬50克，冰块适量。

◎ 做法

① 将猕猴桃剥皮后切成三块。② 梨子去皮、核，切成小块；柠檬切成片。③ 梨子、猕猴桃、柠檬都放入榨汁机内榨成汁。④ 往做好的果汁内依个人喜好加入冰块即可。

营养成分

膳食纤维	蛋白质	脂肪	碳水化合物
4.5g	1.6g	1.3g	12.7g

◎ 食疗作用

此饮为猕猴桃和梨子的综合果汁，但都保留了水果的原味。猕猴桃营养丰富，对消化不良等症状有一定的改善作用；而梨子水分充足，能软化血管，对大便燥结病症有一定的功效。

桃子香瓜汁

果汁热量 96kcal

操作方便度：★★★☆☆

推荐指数：★★★★☆

• 强心固肾，缓解便秘

◎ 材料

桃子150克，香瓜200克，柠檬50克，冰块50克。

◎ 做法

① 桃子洗净，去皮、去核，切块；② 香瓜去皮，切块；柠檬洗净，切片。③ 将桃子、香瓜、柠檬放进榨汁机中榨出果汁。④ 将果汁倒入杯中，加入少许冰块即可。

◎ 食疗作用

缓解便秘，改善肾病、心脏病，同时还有利尿的功效。依个人口味和喜好，也可以加入盐或蜂蜜调味。

营养成分

膳食纤维	蛋白质	脂肪	碳水化合物
1.7g	1.6g	0.9g	19.3g

酪梨水蜜桃汁

操作方便度：★★★☆☆
推荐指数：★★★★☆

• 排除宿便，清体减肥

◎ 材料

酪梨100克，水蜜桃150克，柠檬50克，牛奶适量。

◎ 做法

① 将酪梨和水蜜桃洗净，去皮、核。② 柠檬洗净，切成小片。③ 将酪梨、水蜜桃、柠檬放入榨汁机内榨汁。④ 将果汁倒入搅拌机中，加入牛奶，搅匀即可。

◎ 食疗作用

此饮具有滋养、柔软肌肤，通便利尿的功效，对排出体内毒素有一定帮助。

营养成分

膳食纤维	蛋白质	脂肪	碳水化合物
2.6g	3g	16.1g	13.7g

苹果白菜汁

果汁热量 70.5kcal

操作方便度：★★★☆☆
推荐指数：★★★★☆

• 排除毒素，健体防病

◎ 材料

苹果150克，白菜100克，柠檬30克，冰块少许。

◎ 做法

① 苹果洗净，去核，切块。白菜洗净，卷成卷。柠檬连皮切成 3 块。② 先把带皮的柠檬用榨汁机压榨成汁，再放入白菜和苹果，压榨成汁。③ 在果汁中加入冰块，再依个人口味调味即可。

◎ 食疗作用

此饮可缓解便秘，排出体内的毒素。榨汁时切去白菜的茎，保留白菜叶子较容易榨汁。

营养成分

膳食纤维	蛋白质	脂肪	碳水化合物
1.7g	0.9g	0.4g	14.9g

生活贴士

毛豆橘子奶在制作时，可以先将毛豆用水焯一下，可以使毛豆的颜色看起来更加碧绿，榨出的汁也会色泽诱人。

石榴苹果汁

● 清理肠胃，缓解便秘

果汁热量 137kcal

操作方便度：★★★★☆
推荐指数：★★★★☆

蔬果搭配

苹果……50克　石榴……80克
柠檬……50克　冰块……适量

料理方法

石榴去皮，取出果实；苹果洗净，去核，切块。将苹果、石榴顺序交错地放进榨汁机内榨汁。加入柠檬榨汁，并向果汁中加入少许冰块即可。

TIPS 此果汁可清理肠胃，缓解便秘。

食疗功效

石榴有明显的收敛作用和良好的抑菌作用，是治疗腹泻、出血的佳品。而石榴汁是一种比红酒、西红柿汁、维生素E等更有效的抗氧化果汁。

营养成分

膳食纤维	蛋白质	脂肪	碳水化合物
5.9g	2g	1.1g	30.2g
维生素B_1	维生素B_2	维生素E	维生素C
0.1mg	0.1mg	7mg	37mg

营养师提醒

✓ 妇女怀孕期间多喝石榴汁，可以降低胎儿大脑发育受损的几率。

✗ 石榴酸涩有收敛作用，多食会伤肺损齿。感冒及急性盆腔炎、尿道炎等患者慎食。

毛豆橘子奶

● 肠胃蠕动，排泄轻松

果汁热量 271.4kcal

操作方便度：★★★☆☆
推荐指数：★★★★☆

蔬果搭配

毛豆……80克　鲜奶……240毫升
橘子……150克　冰糖……少许

料理方法

将毛豆洗净，用水煮熟。橘子剥皮，去内膜，切成小块。将所有材料倒入果汁机内搅拌2分钟即可。

食疗功效

毛豆含有丰富的蛋白质、矿物质以及微量元素，可与动物性蛋白质媲美，能促进人体生长发育、新陈代谢，是维持健康活力的重要元素。毛豆中的纤维素还可促进肠胃蠕动，有利消化及排泄。

营养成分

膳食纤维	蛋白质	脂肪	碳水化合物
3g	15.7g	7.1g	39.3g
维生素B_1	维生素B_2	维生素E	维生素C
0.1mg	0.1mg	1.8mg	25.6mg

营养师提醒

✓ 想要让煮完的毛豆颜色看起来更翠绿，可以在水中加一勺盐。

✗ 毛豆不适合痛风、尿酸过高者食用。

TIPS 此饮可安定心神，刺激肾脏排出有毒物质，并减少脂肪在血管中堆积的可能。

莓凤葡萄柚汁

果汁热量 75kcal

操作方便度：★★★☆☆
推荐指数：★★★★☆

• 改善便秘，降压祛湿

蔬果搭配

菠萝…………100克
草莓…………5个
韭菜…………50克
葡萄柚………80 克
柠檬…………50克

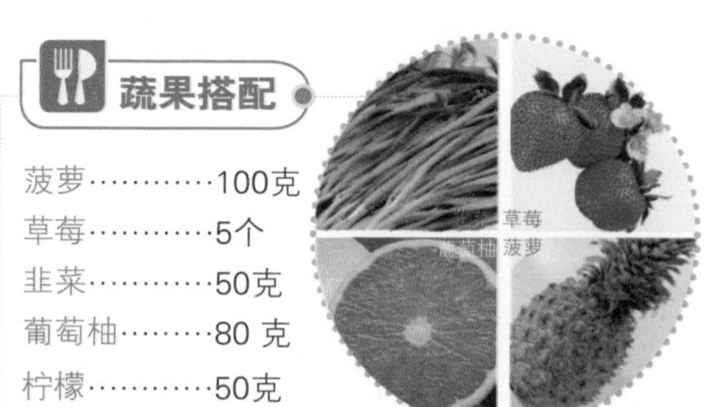

营养成分

膳食纤维	蛋白质	脂肪	碳水化合物
2.7g	2.5g	0.6g	13.9g
维生素B_1	维生素B_2	维生素E	维生素C
0.2mg	0.2mg	2.2mg	66mg

食疗功效

此饮可缓解高血压，帮助身体排出多余水分，进而防止水肿，并改善便秘症状，另外，对于晒伤也有一定的恢复作用。

菠萝档案

产地	性味	归经	保健作用
广西、福建	性平，味甘	肺、胃经	清热解暑、消食止泻

成熟周期：

当年：1月 2月 3月 4月 5月（结果） 6月（结果） 7月 8月 9月 10月 11月 12月

次年：1月 2月 3月 4月 5月 6月 7月 8月 9月 10月 11月 12月

挑选菠萝小窍门

菠萝果皮呈橙黄且略带红色，有光泽的果实生长发育较成熟，口味也甜。另外菠萝顶部的叶子要青翠鲜绿，这表示菠萝在生长过程中日照良好，吃起来会香甜多汁。

料理方法

① 草莓洗净，去蒂；菠萝去皮，切块；葡萄柚去皮、去瓤与籽。

② 韭菜洗净备用。

③ 草莓、菠萝、葡萄柚、柠檬放入榨汁机榨汁。

④ 韭菜折弯，放入榨汁机内榨汁。

⑤ 混合几种汁液，再加入少许冰块即可。

苦瓜蜂蜜姜汁

果汁热量 17kcal

操作方便度：★★★★☆
推荐指数：★★★★★

• 清热降火，排毒塑形

蔬果搭配

苦瓜…………50克
柠檬…………30克
姜…………7克
蜂蜜…………10克
冰块…………适量

蜂蜜 苦瓜
姜 柠檬

营养成分

膳食纤维	蛋白质	脂肪	碳水化合物
3g	0.8g	0.3g	2.7g
维生素B_1	维生素B_2	维生素E	维生素C
0.2mg	0.1mg	0.6mg	66.9mg

食疗功效

本品具有安神镇定、滋润皮肤的作用，每日早晚各饮一杯，可以改善失眠症状，同时，苦瓜对于肥胖人士的减肥颇有功效。

料理方法

① 将苦瓜洗净，对切为二，去籽，切小块备用。

② 柠檬去皮，切小块；姜洗净，切片。

③ 将苦瓜、姜、柠檬顺序交错地放进榨汁机榨出汁，加入蜂蜜调匀。

④ 蔬果汁倒入杯中，加入冰块即可。

苦瓜档案

产地	性味	归经	保健作用
广西、广东	性寒，味苦	胃、心、肝经	益气养血、养肝明目

成熟周期：结果 6月、7月、8月（当年）

挑选苦瓜小窍门

苦瓜身上的果瘤颗粒是判别苦瓜好坏的标准。颗粒愈大愈饱满，表示瓜肉愈厚；颗粒愈小，瓜肉相对较薄。

南瓜汁

• 调节大便，防脱固发

果汁热量 49kcal

操作方便度：★★★★☆
推荐指数：★★★★★

◎ 材料

南瓜100克，椰奶50毫升，红砂糖2汤匙。

◎ 做法

① 将南瓜去皮，切成丝，用水煮熟后捞起沥干。
② 将所有材料放入搅拌机内，加水 350 毫升搅拌成汁即可。

◎ 食疗作用

经常饮用此品可帮助身体排毒，预防脱发、便秘。

营养成分

膳食纤维	蛋白质	脂肪	碳水化合物
0.8g	2.2g	1.8g	6.6g

草莓大头菜瓜汁

• 整肠消食，疏肝解郁

果汁热量 90.5kcal

操作方便度：★★★☆☆
推荐指数：★★★★☆

◎ 材料

草莓20克，大头菜50克，香瓜100克，柠檬30克，冰块少许，盐1克。

◎ 做法

① 将草莓洗净，去蒂；大头菜洗净，根和叶切开；香瓜洗净，去皮、籽，切块；柠檬切片。② 将草莓、香瓜、柠檬，放入榨汁机。③ 大头菜叶折弯后榨成汁。④ 混合几种汁液，再加入冰块及盐调味即可。

◎ 食疗作用

草莓含有丰富的果胶和纤维素，可促进胃肠蠕动，而大头菜有开胃、消食的功效。用草莓和大头菜榨制而成的果汁可缓解便秘，改善胃肠病、肝病症状等。

营养成分

膳食纤维	蛋白质	脂肪	碳水化合物
1.8g	1.9g	0.3g	15.6g

葡萄花椰菜梨汁

果汁热量 42kcal

操作方便度：★★★☆☆

推荐指数：★★★★☆

• 改善便秘，缓解胃病

材料

葡萄150克，花椰菜50克，白梨50克，柠檬30克，冰块适量。

做法

① 葡萄洗净，去皮、籽；花椰菜洗净，切小块；白梨洗净，去果核，切小块。② 将葡萄、花椰菜、白梨顺序交错地放入榨汁机内榨汁。③ 柠檬洗净放入榨汁机中榨汁。④ 往果汁中加入少许柠檬汁和冰块搅匀即可。

营养成分

膳食纤维	蛋白质	脂肪	碳水化合物
4g	2.1g	1g	7g

食疗作用

此饮可改善便秘，缓解胃肠病。

葡芹菠萝汁

果汁热量 53.8kcal

操作方便度：★★★☆☆

推荐指数：★★★★☆

• 清理肠道，美体降压

材料

葡萄100克，西芹60克，菠萝90克，柠檬30克，冰块适量。

做法

① 葡萄洗净，去外皮、籽；菠萝去皮，切块。②柠檬洗净后切片；西芹洗净，切段。③ 将葡萄、西芹、菠萝、柠檬榨汁。④ 将果汁移入杯中，加入冰块即可。

食疗作用

此饮中西芹的粗纤维可刮除肠道内的垃圾，能有效地防止便秘，此饮可缓解高血压，对肝、肾病也有一定疗效。

营养成分

膳食纤维	蛋白质	脂肪	碳水化合物
2.7g	1.2g	0.7g	10.6g

生活贴士
在制作双果柠檬汁时，需要使用人参果，而人参果并不容易存放，所以应该随用随买，不要大量囤积。
甘蔗
西红柿汁
双果
柠檬汁

双果柠檬汁

● 调节肠胃，预防便秘

果汁热量 49kcal

操作方便度：★★★★☆
推荐指数：★★★★☆

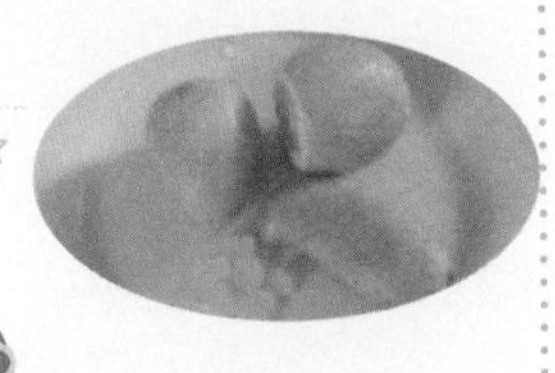

蔬果搭配

芒果……100克　人参果……100克
柠檬……30克　冰块……适量
冷开水……100毫升

料理方法

将芒果与人参果洗净，去皮、去籽，切小块，放入果汁机；将柠檬洗净，切成块，放入榨汁机中榨汁；将柠檬汁、冰块、冷开水与芒果、人参果汁搅匀即可。

TIPS 常饮此汁可调节肠胃功能，预防便秘。

食疗功效

人参果是一种高蛋白、低脂肪、低糖的水果，富含多种维生素、矿物质和微量元素以及各种人体必需的氨基酸等。食用人参果对人体十分有益，具有防治糖尿病、心脏病、调节血脂的功效。

营养成分

膳食纤维	蛋白质	脂肪	碳水化合物
3.1g	0.9g	0.6g	15.9g
维生素B_1	维生素B_2	维生素E	维生素C
0.1mg	0.1mg	1.2mg	29mg

营养师提醒

✓ 人参果含水量高，经常食用可通小便、消暑解渴。

✗ 人参果不易保存，不要长时间存放。

甘蔗西红柿汁

● 消暑解渴，通便利尿

果汁热量 128kcal

操作方便度：★★★☆☆
推荐指数：★★★★☆

蔬果搭配

甘蔗……200克　西红柿……100克

料理方法

甘蔗去皮，放入榨汁机中榨汁；西红柿洗净，切块，放入榨汁机内榨汁；将甘蔗汁与西红柿汁倒入搅拌机中搅匀即可。

食疗功效

祖国医学认为，甘蔗性味甘、寒，入肺、脾、胃经，具有清热、生津及解酒之功效。甘蔗汁可消暑解渴，通便利尿，为夏暑秋燥的良药。甘蔗汁还可与其他药物配伍用作民间验方。

营养成分

膳食纤维	蛋白质	脂肪	碳水化合物
1.2g	0.8g	0.2g	30.8g
维生素B_1	维生素B_2	维生素E	维生素C
0.1mg	0.1mg	—	4mg

营养师提醒

✓ 西红柿具有预防癌症的作用，当做水果吃口感更好。

✗ 甘蔗是一种季节性很强的食品，不适合在春季食用。

TIPS 此饮可改善胃热口苦等症，对消化道也有一定的保护作用。脾胃虚寒者不宜饮用。

苹果香蕉梨汁

果汁热量 147kcal

操作方便度：★★★★☆
推荐指数：★★★☆☆

• 消除疲劳，排毒养颜

蔬果搭配

白梨…………100克
苹果…………100克
香蕉…………50克
蜂蜜…………30克
冰块…………少许

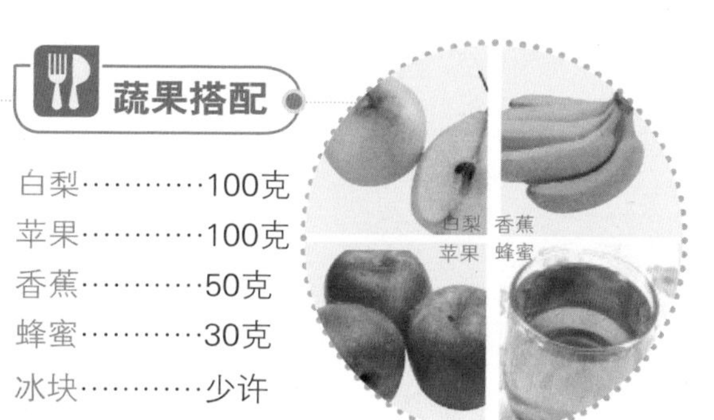

营养成分

膳食纤维	蛋白质	脂肪	碳水化合物
3.2g	1.5g	33.4g	10.7g
维生素B_1	维生素B_2	维生素E	维生素C
0.2mg	0.2mg	5.2mg	13.5mg

食疗功效

此饮具有消除疲劳、改善便秘、排毒养颜的功效。

料理方法

① 将白梨、苹果洗净，切块；香蕉剥皮后切块。

② 将白梨和苹果块倒入榨汁机中，加冷开水榨成汁。

③ 将果汁倒入杯中，加入香蕉及蜂蜜。

④ 把所有食材一起搅拌成汁，再加入适量冰块即可。

白梨档案

产地	性味	归经	保健作用
河北、山东	性凉，味甘酸	肺、胃经	止咳化痰、除烦解渴

成熟周期：结果 7月、8月、9月（当年）

挑选白梨小窍门

选梨时，一定要先挑选表皮细腻，没有虫蛀和破皮的，且其外形要饱满、大小适中，没有畸形和损伤。

木瓜牛奶蜜汁

• 解脾和胃，护肝排毒

果汁热量 123.6kcal

操作方便度：★★★★☆
推荐指数：★★★★☆

蔬果搭配

木瓜………200克
牛奶………200毫升
蜂蜜…………5毫升

营养成分

膳食纤维	蛋白质	脂肪	碳水化合物
1.6g	3.8g	3.2g	20.4g
维生素B_1	维生素B_2	维生素E	维生素C
0.1mg	0.1mg	0.8mg	100mg

食疗功效

木瓜与牛奶中的营养成分丰富，尤其是木瓜所含的齐墩果成分，是一种具有护肝、抗炎抑菌等功效的化合物，能解脾和胃、平肝舒筋，有效地排出肝脏内的毒素。

料理方法

① 将木瓜洗净去皮、籽，切成小块。

② 将切成小块的木瓜与牛奶、蜂蜜放入果汁机，搅匀即可。

木瓜档案

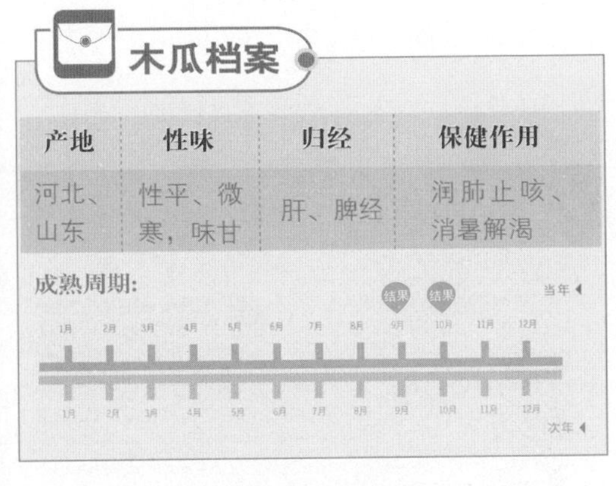

产地	性味	归经	保健作用
河北、山东	性平、微寒，味甘	肝、脾经	润肺止咳、消暑解渴

挑选木瓜小窍门

熟木瓜要挑手感很轻的，这样的木瓜果肉比较甘甜。木瓜的果皮一定要亮，橙色要均匀，不能有色斑。还有，木瓜果肉一定要结实。

西瓜柠檬汁

果汁热量 76.8kcal

操作方便度：★★★★☆
推荐指数：★★★★★

• 利尿排毒，告别宿便

营养成分

膳食纤维	蛋白质	脂肪	碳水化合物
0.5g	1.3g	0.3g	17.4g

◎ 材料

西瓜200克，柠檬50克，蜂蜜30克。

◎ 做法

① 西瓜洗净，切成小块，用榨汁机榨出汁。② 柠檬洗净后，切块、榨汁。③ 将西瓜汁与柠檬汁混合，加入蜂蜜，拌匀即可。

◎ 食疗作用

用西瓜和柠檬制成的果汁香甜止渴，能帮助排除体内多余水分。若能在下午三点前饮用此果汁，更能发挥其通便的功效。

胡萝卜梨子汁

果汁热量 83kcal

操作方便度：★★★★☆
推荐指数：★★★★☆

• 远离便秘，醒酒护肝

◎ 材料

胡萝卜100克，梨子100克，冰块100克，柠檬30克。

◎ 做法

① 梨子洗净，去皮及果核，切块。② 胡萝卜洗净，切块；③ 柠檬清洗干净后切片。④ 将胡萝卜、梨子、柠檬放入榨汁机中榨汁。向果汁中加入适量冰块即可。

◎ 食疗作用

此饮能缓解肾脏病、肝病，改善便秘，同时还具利尿作用。但在饮用过程中要注意不可与酒精同食，否则易在肝脏内产生毒素，导致肝病。

营养成分

膳食纤维	蛋白质	脂肪	碳水化合物
3.2g	1.7g	0.7g	17.3g

桃子苹果汁

果汁热量 93kcal

操作方便度：★★★★☆
推荐指数：★★★★☆

• 清理肠胃，排便顺畅

材料

桃子100克，苹果100克，柠檬50克，冰块适量。

做法

① 将桃子洗净，对切为二，去核；② 苹果去核，切块；柠檬洗净，切片。③ 将苹果、桃子、柠檬顺序交错地放进榨汁机中榨出汁即可。

食疗作用

此饮可整肠排毒，缓解肾脏病、肝病等。因苹果中含有丰富的粗纤维，可刮除体内的有毒物质，清理肠胃。

营养成分

膳食纤维	蛋白质	脂肪	碳水化合物
1.3g	0.9g	1g	21g

苹果黄瓜汁

果汁热量 49kcal

操作方便度：★★★★☆
推荐指数：★★★★☆

• 排除毒素，全身轻松

材料

苹果100克，小黄瓜100克，柠檬30克，冰块少许。

做法

① 苹果洗净，去核，切块。② 小黄瓜洗净，切段。③ 柠檬连皮切成三块。④ 把苹果、小黄瓜、柠檬放入榨汁机中榨成汁，最后在果汁中加入少许冰块即可。

食疗作用

常饮此品能收到整肠、利尿的功效，有助于排出体内的各种毒素。

营养成分

膳食纤维	蛋白质	脂肪	碳水化合物
1g	0.9g	0.5g	15.8g

利尿清热：毒素排出去，身体瘦下来

生活贴士

在制作葡萄芋茎梨汁时，所用的芋头一定不要生吃，否则会有中毒的危险，同时由于芋头含有大量的淀粉，一次也不能食用过多。

葡萄芋茎梨汁

西红柿柠檬果汁

葡萄芋茎梨汁

• 化痰祛湿，健脾益胃

果汁热量 93.5kcal

操作方便度：★★★☆☆
推荐指数：★★★★☆

蔬果搭配

葡萄……150克　芋茎……50克
梨子……100克　柠檬……50克
冰块……少许

料理方法

将葡萄洗净，芋茎煮熟切段；梨子去皮、去核后切块，柠檬切片。在榨汁机内放入少许冰块，将材料交错放入，再用挤压棒压榨成汁即可。

TIPS 这款蔬果汁可改善便秘、肾脏病、贫血等症状，对皮肤过敏、手脚冰冷也有一定作用。

食疗功效

芋头含有丰富的膳食纤维，对治疗便秘有很好的疗效。芋头所含的丰富的矿物质和微量元素，较容易被肠道吸收，具有化痰祛湿、益脾胃的功效，对便血有一定的疗效。

营养成分

膳食纤维	蛋白质	脂肪	碳水化合物
5.4g	2.4g	1.2g	18.9g
维生素B_1	维生素B_2	维生素E	维生素C
0.1mg	0.1mg	4.2mg	17mg

营养师提醒

✓ 芋头尤其适合于身体虚弱者食用。

✗ 芋头有毒、麻口、刺激咽喉，不可生食。芋头含有较多的淀粉，一次食用过量容易导致腹泻。

西红柿柠檬果汁

• 加速排毒，延缓衰老

果汁热量 42.5kcal

操作方便度：★★★★☆
推荐指数：★★★★★

蔬果搭配

西红柿……220克　盐……1克
水……220毫升　柠檬……30克
冰块……少许

料理方法

将西红柿洗净，切成小块；柠檬切片，榨成汁。将水、盐、冰块及西红柿一起放入搅拌机内搅拌成汁。果汁过滤后再加少许柠檬汁调味即可。

食疗功效

西红柿中含有多种维生素及矿物质，对食欲不振有很好的辅助治疗效果。西红柿的美容功效也很好，常吃可使皮肤细滑白皙，延缓衰老。西红柿中的番茄红素具有抗氧化功能，能防癌，且对动脉硬化患者有很好的治疗作用。

营养成分

膳食纤维	蛋白质	脂肪	碳水化合物
1.1g	1.9g	0.9g	7.5g
维生素B_1	维生素B_2	维生素E	维生素C
0.1mg	0.1mg	1.3mg	43mg

营养师提醒

✓ 患有冠心病、心肌梗死、肾病、糖尿病的人可以每天适量饮用。

✗ 但不可空腹饮用，容易引起肠胃疾病。

TIPS 此饮可消除疲劳、助排毒、缓解肾脏的不适。榨汁前也可以将西红柿用热水浸泡后再切块。

苹果大头菜汁

果汁热量 107kcal

操作方便度：★★★★☆
推荐指数：★★★★☆

- 清热利尿，全身清爽

蔬果搭配

苹果…………100克
大头菜………100克
柠檬…………50克

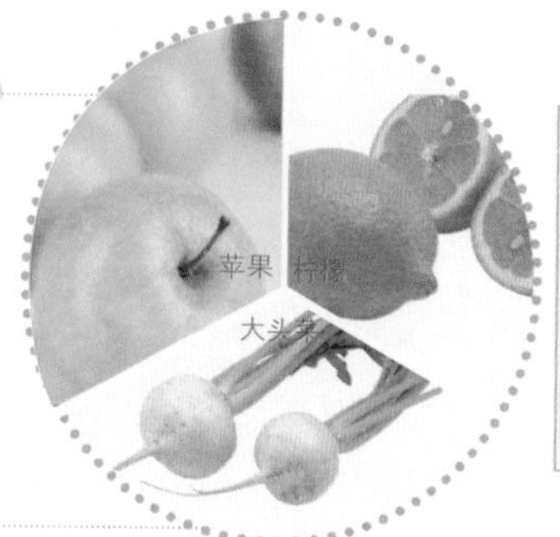

营养成分

膳食纤维	蛋白质	脂肪	碳水化合物
2.5g	2.5g	1.1g	21.9g
维生素B_1	维生素B_2	维生素E	维生素C
0.1mg	0.1mg	2.2mg	62mg

食疗功效

本品具有消肿利尿的作用，能促进排尿，常喝此饮可达到清热解毒的目的。

料理方法

① 将苹果洗净，切块。
② 柠檬连皮切成三块；大头菜洗净后切除叶子。
③ 将柠檬放进榨汁机，用挤压棒挤压成汁。
④ 将苹果和大头菜也放入榨汁机，榨成汁即可。

大头菜档案

产地	性味	归经	保健作用
河北、河南	性温，味辛	胃经	开胃消食、排除毒素

成熟周期：

当年：1月 结果，2月 结果

1月 2月 3月 4月 5月 6月 7月 8月 9月 10月 11月 12月

次年

挑选大头菜小窍门

购买大头菜时，应该选择表皮翠绿、没有变黄的，球茎表皮最好有雾白色的果粉，这均是判别大头菜新鲜与否的标准。

芒果柠檬汁

• 促进消化，加快排毒

果汁热量 66.5kcal

操作方便度：★★★★☆
推荐指数：★★★★☆

蔬果搭配

芒果…………300克
柠檬…………30克
蜂蜜…………30克
冷开水………200毫升

营养成分

膳食纤维	蛋白质	脂肪	碳水化合物
1.4g	0.7g	0.3g	15.2g
维生素B_1	维生素B_2	维生素E	维生素C
0.1mg	0.1mg	1.3mg	27mg

食疗功效

芒果富含丰富的膳食纤维，用芒果与柠檬榨汁饮用，能促进肠胃的蠕动，使体内毒素迅速排出体外。

料理方法

① 将芒果去皮、籽，切成块。
② 柠檬洗净，切片。
③ 将所有材料放入搅拌机内搅匀即可。

芒果档案

产地	性味	归经	保健作用
海南、福建	性凉，味甘、酸	肺、脾、胃经	益胃止呕、利尿解渴

成熟周期：

当年：5月、8月、9月结果

挑选芒果小窍门

自然成熟的芒果，颜色不十分均匀，表皮上能闻到一种果香味，而催熟的芒果只有小头尖处果皮翠绿，其他部位果皮均发黄。

柠檬柳橙瓜汁

• 通利小便，缓解肾病

果汁热量 94kcal

操作方便度：★★★★☆
推荐指数：★★★★☆

材料

柠檬50克，柳橙100克，香瓜200克，冰块少许。

做法

① 将柠檬洗净，切块；柳橙去皮、籽，切块。② 香瓜洗净，削掉外皮，切成块。③ 将柠檬、柳橙、香瓜顺序地放入榨汁机内挤压成汁。④ 向果汁中加少许冰块，再依个人口味调味即可。

营养成分

膳食纤维	蛋白质	脂肪	碳水化合物
1.6g	1.7g	0.9g	18.8g

食疗作用

此饮具有滋润皮肤，缓解肾脏病的功效，同时还有利尿功效。将几种瓜果组合在一起榨汁饮用，能使营养更加全面。

葡萄大头菜梨子汁

• 利尿消肿，镇静安神

果汁热量 67kcal

操作方便度：★★★★☆
推荐指数：★★★★☆

材料

葡萄150克，大头菜50克，梨子100克，柠檬30克，冰块少许。

做法

① 葡萄剥皮，去籽；大头菜的叶和根切开，将根部切成适当大小。② 梨洗净，去皮、核，切块；柠檬切片。③葡萄用大头菜叶包裹，放入榨汁机。④ 再将大头菜的根和叶、柠檬、梨一起榨成汁，加冰块即可。

食疗作用

镇静安神、改善便秘，对高血压、低血压、肾脏病等都有一定疗效，还能改善面部浮肿以及小便不利等症。

营养成分

膳食纤维	蛋白质	脂肪	碳水化合物
5.5g	2.1g	1.1g	12.9g

紫苏菠萝酸蜜汁

果汁热量 110kcal

操作方便度：★★★☆☆
推荐指数：★★★★☆

• 润畅肠道，美容滋补

材料

紫苏50克，菠萝30克，梅汁15毫升，蜂蜜10克。

做法

① 将紫苏洗干净备用。②菠萝去外皮，洗干净，切成小块。③ 将紫苏、菠萝、梅汁倒入果汁机内，加 350 毫升水、蜂蜜搅打成汁即可。

食疗作用

用紫苏和菠萝一起榨汁饮用，既能起到美容滋补的功效，又能消除疲劳、紧张，同时还能润畅肠道。梅汁具有清热的功效，可以消暑止渴。

营养成分

膳食纤维	蛋白质	脂肪	碳水化合物
30.4g	0.3g	6g	13.1g

马铃薯胡萝卜汁

果汁热量 143.8kcal

操作方便度：★★★★☆
推荐指数：★★★☆☆

• 通气利尿，减肥塑身

材料

马铃薯40克，胡萝卜10克，糙米饭30克，砂糖10克

做法

① 马铃薯去皮，切丝，用滚水氽烫后捞起，以冰水浸泡片刻，沥干。② 胡萝卜洗净，切成块。③ 将马铃薯、胡萝卜、糙米饭与砂糖倒入果汁机中，加350毫升冷开水搅拌成汁即可。

食疗作用

胡萝卜与马铃薯一起榨汁能通气利尿，对减肥有一定功效。

营养成分

膳食纤维	蛋白质	脂肪	碳水化合物
0.5g	3.4g	0.5g	32g

生活贴士

大白菜糙米汁虽然能够降低胆固醇，但是脾虚胃寒、体质偏寒的人还是最好不要饮用。

梨子鲜藕香瓜汁

• 润肺通便，利尿祛暑

果汁热量 218.9kcal

操作方便度：★★★★☆
推荐指数：★★★☆☆

蔬果搭配

梨子……100克　香瓜……200克
柠檬……300克　冰块……适量

料理方法

梨子洗净，去皮、核，切块；香瓜洗净，去皮、瓤，切块；柠檬切片。将梨子、香瓜、柠檬放入榨汁机内榨汁，再在果汁中加冰块即可。

TIPS 本果汁含有梨子和香瓜的天然甜味，味道独特。常饮可利尿，缓解肾脏病、心脏病。

食疗功效

莲藕是含铁量很高的根茎类食物，比较适合缺铁性贫血的病人；又富含维生素C和膳食纤维，能润肺通便、清热排毒，尤其适合作为夏季的祛暑食物。莲藕还具有收缩血管的作用，有“活血而不破血，止血而不滞血”的特点。

营养成分

膳食纤维	蛋白质	脂肪	碳水化合物
4.6g	4.6g	0.6g	41.3g
维生素B_1	维生素B_2	维生素E	维生素C
0.1mg	0.2mg	4.9mg	54.7mg

营养师提醒

✓ 此饮每日早晚饮用效果更佳。

✗ 由于藕性偏凉，故孕妇不宜过早食用。糖尿病和脾胃虚寒者不宜食用熟藕和藕粉。

大白菜糙米汁

• 通利肠胃，清热解毒

果汁热量 110kcal

操作方便度：★★★★☆
推荐指数：★★★★☆

蔬果搭配

大白菜……50克　糙米饭……30克
姜……10克　砂糖……5克

料理方法

将大白菜洗净，切碎；姜洗净，备用。将大白菜、姜、糙米饭倒入果汁机中，加350毫克冷开水搅打成汁。将果汁倒入杯中，再加入砂糖即可。

食疗功效

大白菜是营养很丰富的蔬菜，具有通利肠胃、清热解毒的功效，其中所含的丰富粗纤维可以预防很多疾病。白菜汁中所含的微量元素硒，除了有助于防治弱视外，还有助于增强人体内白细胞的杀菌能力和抵抗重金属对机体毒害的能力。

营养成分

膳食纤维	蛋白质	脂肪	碳水化合物
1g	3g	0.5g	22.3g
维生素B_1	维生素B_2	维生素E	维生素C
0.2mg	0.1mg	0.6mg	7.2mg

营养师提醒

✓ 寒性咳嗽患者可多饮用，本品有明显的止咳功效。

✗ 腐烂的大白菜含有亚硝酸盐等毒素，食后可使人体严重缺氧甚至有生命危险。

TIPS 此饮可降低胆固醇、清热解烦。脾虚胃寒和体质偏寒者不宜经常饮用。

苹果西芹柠檬汁

果汁热量 73.5kcal

操作方便度：★★★★☆
推荐指数：★★★★☆

• 酸甜可口，利尿降压

蔬果搭配

苹果…………100克
西芹…………100克
柠檬…………50克
冰块…………少许

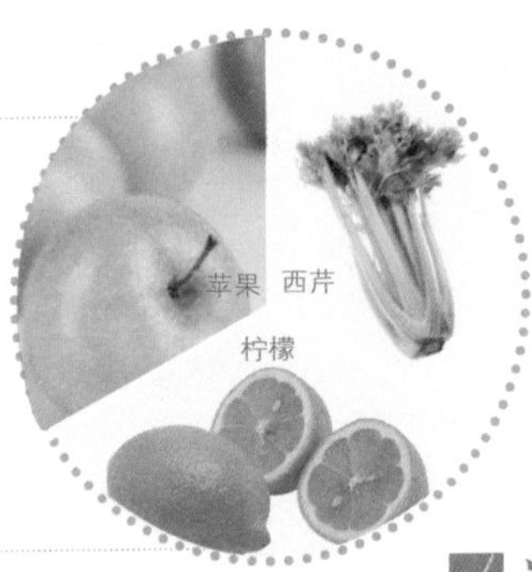

营养成分

膳食纤维	蛋白质	脂肪	碳水化合物
1.5g	0.8g	0.4g	16.6g
维生素B_1	维生素B_2	维生素E	维生素C
0.1mg	0.1mg	1.8mg	18mg

食疗功效

本饮品对小便不利、肝阳上亢、烦热不安等症具有很好的缓解治疗作用，尤宜春秋两季干燥时节饮用。

料理方法

① 苹果洗净，去皮、核；西芹洗净，茎叶分开切；柠檬连皮切成三块。

② 将柠檬放入榨汁机内榨汁，再将西芹的叶子、茎和苹果先后放入榨汁机内榨汁。

③ 将果菜汁倒入杯中，加入少许冰块即可。

西芹档案

产地	性味	归经	保健作用
四川、河北	性凉，味甘、辛	肺、脾、胃经	通利小便、清热平肝

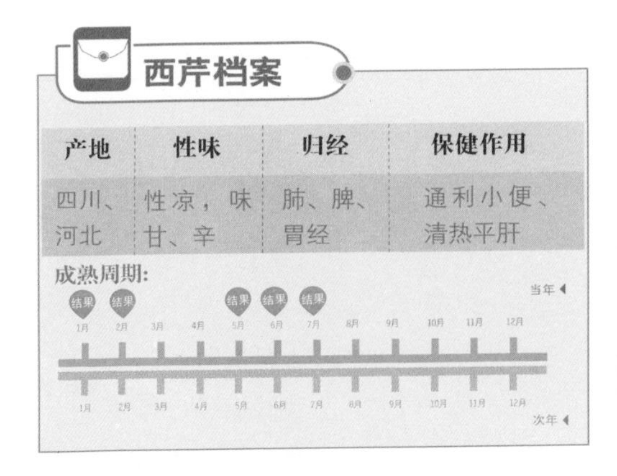

挑选西芹小窍门

选择西芹以茎粗、长、肥厚者为佳。

清爽柳橙蜜汁

果汁热量 62.6kcal

操作方便度：★★★★☆
推荐指数：★★★★☆

• 酸甜适口，清热利尿

蔬果搭配

柳橙…………100克
蜂蜜…………5克

营养成分

膳食纤维	蛋白质	脂肪	碳水化合物
0.6g	0.8g	0.3g	14.4g
维生素B_1	维生素B_2	维生素E	维生素C
0.1mg	0.1mg	0.6mg	33mg

食疗功效

本饮品味道酸甜适口，柳橙能够生津止渴，蜂蜜能润燥通便，二者合一各取其长，能够帮助人体排出肠道内的宿便。

料理方法

① 将柳橙去皮，切成小块。

② 将柳橙放入榨汁机内榨汁，再将汁加入蜂蜜搅拌均匀即可。

柳橙档案

产地	性味	归经	保健作用
广东、广西	性凉，味酸、甘	肺经	生津止渴、开胃下气

成熟周期：

当年：1月 2月 3月 4月 5月 6月 7月 8月 9月 10月 11月（结果） 12月（结果）

次年：1月 2月 3月 4月 5月 6月 7月 8月 9月 10月 11月 12月

挑选柳橙小窍门

选购柳橙时，选择橙皮颜色黄一些的为佳，因为颜色越黄，营养价值越高。

菠萝果菜汁

• 通利小便，消除疲劳

果汁热量 65.3kcal

操作方便度：★★★☆☆

推荐指数：★★★★☆

材料

柠檬30克，茭白60克，西芹50克，菠萝100克，冰块少许。

做法

① 柠檬连皮切成三块；西芹的茎和菠萝果肉切块；茭白洗净。②将柠檬、菠萝、茭白及西芹的茎榨汁，西芹的叶折弯后榨成汁。③ 果汁倒入杯中，加适量冰块即可。

营养成分

膳食纤维	蛋白质	脂肪	碳水化合物
2.1g	1.6g	0.4g	13.3g

食疗作用

消除疲劳，改善便秘症状。

香蕉苹果汁

• 润肠通便，利尿排毒

果汁热量 128kcal

操作方便度：★★★★☆

推荐指数：★★★★☆

材料

香蕉100克，苹果80克，酸奶200克。

做法

① 将苹果洗净，去掉外皮，切成小块。② 香蕉去皮，切成小块。③将所有材料放入搅拌机内，搅匀即可。

食疗作用

香蕉、苹果、酸奶都具有润肠通便的功效，将这两种水果榨汁，加入酸奶饮用可以避免毒素在体内的积存。

营养成分

膳食纤维	蛋白质	脂肪	碳水化合物
0.1mg	0.1mg	1.1mg	6.5mg

芒果茭白牛奶

果汁热量 110kcal

操作方便度：★★★☆☆
推荐指数：★★★★☆

• 利尿止渴，去热排毒

材料

芒果150克，茭白100克，柠檬30克，鲜奶200毫升，蜂蜜10克。

做法

① 将芒果洗干净，去掉外皮、去籽，取果肉。② 茭白洗干净备用。③ 柠檬去掉皮，切成小块。④ 把芒果、茭白、鲜奶、柠檬、蜂蜜放入搅拌机内，打碎搅匀即可。

营养成分

膳食纤维	蛋白质	脂肪	碳水化合物
3.2g	4.8g	3.3g	15.1g

食疗作用

此饮具有促进胃肠蠕动，利大小便的功效。茭白的营养价值高，有祛暑、止渴、利尿的功效。将茭白与芒果一起榨汁饮用，营养丰富，口味独特。

卷心菜芒果蜜汁

果汁热量 113kcal

操作方便度：★★★☆☆
推荐指数：★★★★☆

• 缓解胃病，清除疲劳

材料

卷心菜150克，芒果100克，柠檬50克，冰块少许，蜂蜜10克。

做法

① 卷心菜洗净；柠檬洗净，连皮切成三块。② 剥去芒果皮，用汤匙挖出果肉，包在卷心菜叶里。③ 将包了芒果的卷心菜与柠檬一起放入榨汁机里榨出汁。④ 再加入蜂蜜、冰块搅匀即可。

食疗作用

消除疲劳，缓解胃溃疡、肾脏病症状。

营养成分

膳食纤维	蛋白质	脂肪	碳水化合物
3.4g	3.4g	35.6g	14.5g

生活贴士

柿子胡萝卜汁不适宜脾胃虚寒、痰湿内盛以及腹泻患者饮用，其他人群喝此饮能有增强体力之功效。

桂圆枸杞枣汁

● 排尿解毒，防癌抗癌

果汁热量 54.4kcal

操作方便度：★★★☆☆
推荐指数：★★★★☆

蔬果搭配

桂圆……30克　　枸杞子……10克
胡萝卜……20克　　蜜枣……10克

料理方法

桂圆、枸杞子洗净。胡萝卜去皮后切丝；蜜枣冲净，去籽备用。将全部材料与砂糖倒入锅中，加水煮至水量剩约300毫升关火，静待冷却。倒入果汁机内，加冰块搅打成汁即可。

TIPS 此饮可养颜活血，改善便秘，消除疲劳。

食疗功效

桂圆性平、味甘，入心、肝、脾、肾经。现代医学研究认为：桂圆营养价值甚高，富含高碳水化合物、蛋白质、多种氨基酸和维生素，常食桂圆可为肝脾排毒。桂圆肉还有抑制癌细胞生长的作用，其肉干被视为珍贵的滋补品。

营养成分

膳食纤维	蛋白质	脂肪	碳水化合物
2g	1.9g	0.3g	11.1g
维生素B_1	维生素B_2	维生素E	维生素C
0.1mg	0.1mg	0.3mg	20.1mg

营养师提醒

✓ 桂圆买回家要尽快吃完。

✗ 桂圆一次不可多吃，否则易导致便秘，有上火或发炎症状的人群不宜食用。

柿子胡萝卜汁

● 清热止渴，凉血止血

果汁热量 75.3kcal

操作方便度：★★★★☆
推荐指数：★★★★☆

蔬果搭配

甜柿……150克　　胡萝卜……60克
柠檬……30克　　果糖……2克

料理方法

将甜柿、胡萝卜洗净，去皮，切成小块；柠檬洗净，切片。将甜柿、胡萝卜、柠檬放入榨汁机中榨汁。将果糖加入果菜汁中，搅匀即可。

食疗功效

中医认为，柿子性寒、味涩，具有清热止渴、凉血、止血的功效。软熟的柿子还可以解酒毒，可作为燥咳和吐血病人的辅助治疗食品。

营养成分

膳食纤维	蛋白质	脂肪	碳水化合物
2g	1.3g	0.9g	16.1g
维生素B_1	维生素B_2	维生素E	维生素C
0.1mg	0.1mg	1.5mg	42.2mg

营养师提醒

✓ 柿子在饭后食用。

✗ 柿子不可与蟹同食，否则会出现呕吐、腹胀等食物中毒现象。

TIPS 本款果汁可缓解宿醉，增强体力。但脾胃虚寒、痰湿内盛、腹泻、便秘者都不宜饮用。

生活贴士

山药菠萝枸杞汁不适宜患有子宫肌瘤的女性饮用，另外大便燥结者也应避免饮用。

桑葚青梅杨桃汁

● 利尿解毒，醒酒消积

果汁热量 56.2kcal

操作方便度：★★★★☆
推荐指数：★★★★☆

蔬果搭配

桑葚……80克　青梅……40克
杨桃……5克　冷开水……200毫升

料理方法

将桑葚洗净；青梅洗净，去皮；杨桃洗净后切块。将材料放入果汁机中搅打成汁即可。

TIPS 此款果汁能刺激胃液分泌，促进食欲。

食疗功效

中医认为，杨桃具有清热止渴、利尿解毒、醒酒等功效。新鲜杨桃碳水化合物的含量丰富，所含脂肪、蛋白质等营养成分有助消化，其中大量的维生素C能提高免疫力，对咽喉炎症、口腔溃疡、牙痛有很好的疗效。

营养成分

膳食纤维	蛋白质	脂肪	碳水化合物
4.4g	2g	0.7g	12g
维生素B_1	维生素B_2	维生素E	维生素C
0.1mg	0.1mg	9.6mg	25.6mg

营养师提醒

✓ 饮酒过多时吃一些杨桃，能够起到醒酒的作用。

✗ 杨桃应放在通风阴凉处储存，不可放入冰箱中冷藏。

山药菠萝枸杞汁

● 强身降脂，排毒瘦身

果汁热量 120.8kcal

操作方便度：★★★☆☆
推荐指数：★★★★☆

蔬果搭配

山药……35克　菠萝……50克
枸杞……30克　蜂蜜……10克

料理方法

山药去皮，洗净，以冷水浸泡片刻，沥干备用。菠萝去皮，洗净，切块；枸杞略冲洗，备用。将山药、菠萝和枸杞搅打成汁，再加蜂蜜拌匀即可。

食疗功效

山药味甘、性平、无毒，具有滋养壮身、助消化、敛汗、止泻等医疗作用。山药是虚弱、疲劳或病愈者恢复体力的最佳食品，经常食用又能提高免疫力、降低胆固醇、利尿。由于山药的脂肪含量低，即使多吃也不会发胖。

营养成分

膳食纤维	蛋白质	脂肪	碳水化合物
5.6g	5g	0.7g	23.5g
维生素B_1	维生素B_2	维生素E	维生素C
0.1mg	0.1mg	0.7mg	28.4mg

营养师提醒

✓ 山药宜去皮食用。

✗ 大便燥结者不宜食用山药，患有子宫肌瘤的女性也不宜吃。

TIPS 此饮品可改善更年期综合征。

苹果油菜汁

• 排毒养颜，强身健体

果汁热量 83kcal

操作方便度：★★★★☆

推荐指数：★★★★☆

蔬果搭配

苹果…………150克

油菜…………100克

柠檬…………50克

冰块…………少许

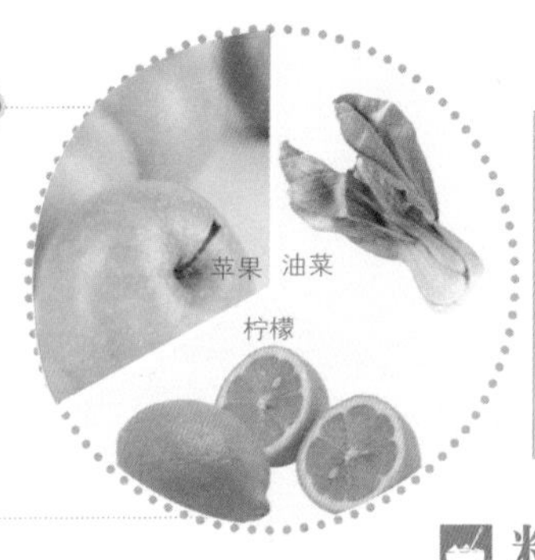

营养成分

膳食纤维	蛋白质	脂肪	碳水化合物
1.3g	2.4g	1.4g	17.1g
维生素B_1	维生素B_2	维生素E	维生素C
0.1mg	0.2mg	4mg	40mg

食疗功效

油菜的营养成分非常丰富，其中含有大量维生素及钙质，非常适宜制作蔬菜汁。常饮苹果油菜汁，可对动脉硬化、便秘、高血压有一定疗效。

料理方法

①把苹果洗净，去皮、核，切块。

②油菜洗净备用；柠檬连皮切成三块。

③ 把柠檬放入榨汁机，压榨成汁；苹果、油菜都同样压榨成汁。

④ 将果菜汁倒入杯中，再加入冰块即可。

油菜档案

产地	性味	归经	保健作用
河北、内蒙古	性温，味辛	肝、脾、肺经	活血化瘀、解毒通便

成熟周期：

当年：结果 3月、4月

1月 2月 3月 4月 5月 6月 7月 8月 9月 10月 11月 12月

次年

处理油菜小窍门

把油菜的茎和叶切分开，将叶子卷成卷，更利于榨汁。

苹果白菜柠檬汁

• 活力瘦身，轻松排毒

果汁热量 84kcal

操作方便度：★★★★☆
推荐指数：★★★★☆

蔬果搭配

苹果…………150克
大白菜………100克
柠檬…………50克
冰块…………少许

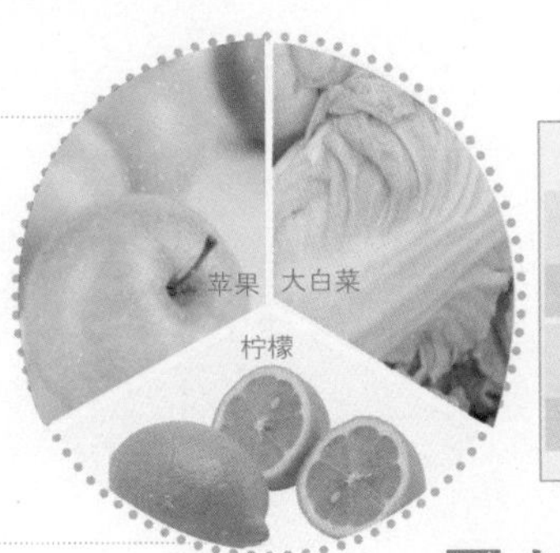

营养成分

膳食纤维	蛋白质	脂肪	碳水化合物
1.8g	1g	0.5g	17g
维生素B_1	维生素B_2	维生素E	维生素C
0.1mg	0.1mg	2.4mg	37mg

食疗功效

本饮品具有利尿解毒的作用，能够帮助人们排除体内毒素，从而达到健康纤体的功效。

料理方法

①将苹果洗净，切块；大白菜叶洗净，卷成卷；柠檬连皮切成三块。

②将柠檬、大白菜、苹果顺序交错地放入榨汁机内榨汁。

③ 将果菜汁倒入杯中，加少许冰块即可。

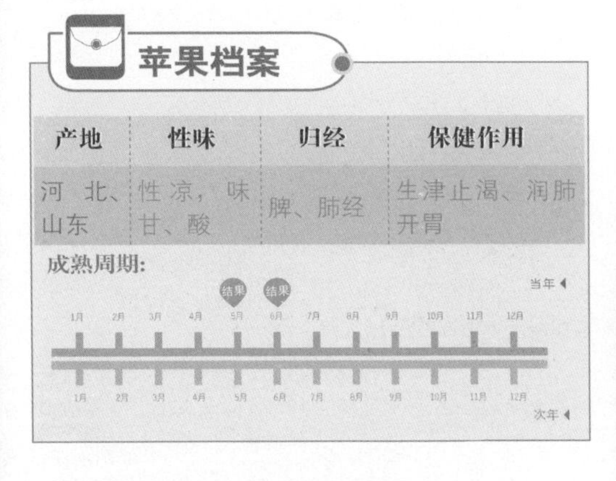

苹果档案

产地	性味	归经	保健作用
河北、山东	性凉，味甘、酸	脾、肺经	生津止渴、润肺开胃

成熟周期：

当年：1月 2月 3月 4月 5月 6月 7月 8月 9月 10月 11月 12月（5月 结果，6月 结果）

次年：1月 2月 3月 4月 5月 6月 7月 8月 9月 10月 11月 12月

挑选苹果小窍门

挑选苹果时，应该选用果肉硬脆的，且表面没有疤痕，外皮颜色鲜艳，不浑浊。

柠檬葡萄柚汁

果汁热量 46kcal

操作方便度：★★★★☆
推荐指数：★★★★☆

• 排尽毒素，瘦得健康

蔬果搭配

柠檬…………30克
西芹…………80克
葡萄柚………100克
冰块…………少许

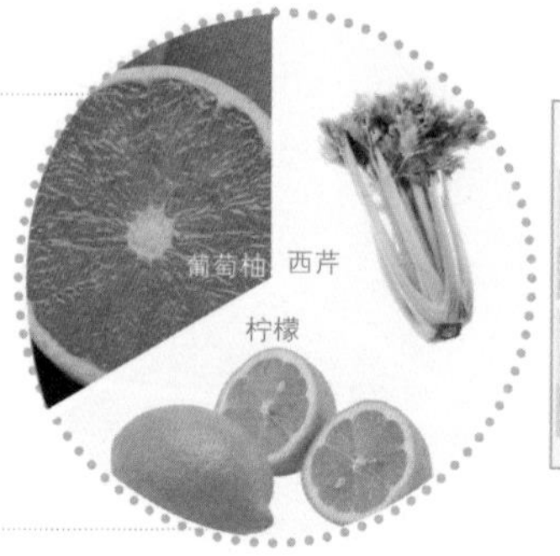

营养成分

膳食纤维	蛋白质	脂肪	碳水化合物
2.1g	1.3g	0.4g	10.5g
维生素B_1	维生素B_2	维生素E	维生素C
0.1mg	0.1mg	0.2mg	6mg

食疗功效

柠檬与葡萄柚一起榨汁饮用，有助于消除疲劳、缓解便秘、排毒养颜。

料理方法

① 西芹的茎和叶切分开；柠檬清洗干净切块。
② 葡萄柚剥皮后，去籽。
③ 将柠檬和葡萄柚榨汁，再将西芹茎及叶子放入榨汁机中榨汁。
④ 将果汁倒入杯中混合，加入少许冰块即可。

柠檬档案

产地	性味	归经	保健作用
四川、云南	性平，味甘、酸	肝、胃经	生津止渴、健脾开胃

成熟周期：

当年：结果 10月、11月

挑选柠檬小窍门

选购柠檬时，应该挑选颜色鲜艳的，没有疤痕的，捏起来感觉厚实的。

西红柿芒果柚汁

果汁热量 62kcal

操作方便度：★★★★☆
推荐指数：★★★★☆

• 缓解便秘，安神养颜

蔬果搭配

草莓…………50克
西红柿………100克
芒果…………100克
葡萄柚………70克
冰块…………少许

营养成分

膳食纤维	蛋白质	脂肪	碳水化合物
2.9g	1.4g	0.5g	14g
维生素B_1	维生素B_2	维生素E	维生素C
0.1mg	0.1mg	1.4mg	44mg

食疗功效

此饮能消除疲劳，缓解便秘，改善食欲不振等症。苹果能安眠养神，将它与几种水果放在一起榨汁饮用，营养更加丰富。

料理方法

① 草莓和西红柿洗净，去蒂；葡萄柚剥皮，去籽。
② 芒果去籽，用汤匙挖取果肉。
③ 将草莓、西红柿、葡萄柚、芒果放入榨汁机，压榨成汁。
④ 将果汁倒入杯中，加冰块搅匀即可。

西红柿档案

产地	性味	归经	保健作用
北京、河北	性微寒，味甘、酸	肝、胃、肺经	生津止渴、清热解毒

成熟周期：

当年：1月 2月 3月 4月 5月 6月（结果） 7月（结果） 8月 9月 10月 11月 12月
次年：1月 2月 3月 4月 5月 6月 7月 8月 9月 10月 11月 12月

挑选西红柿小窍门

西红柿大小种类不同，选择的标准也不一样。中大型西红柿以颜色稍绿为佳，完全红透反而口感不好；而小型西红柿则选择颜色鲜红的。

木瓜香蕉牛奶

• 安神助眠，美体瘦身

果汁热量 172kcal

操作方便度：★★★☆☆
推荐指数：★★★★☆

营养成分

膳食纤维	蛋白质	脂肪	碳水化合物
2.8g	3.7g	1.8g	35.2g

◎ 材料

木瓜300克，香蕉200克，牛奶250克。

◎ 做法

① 将木瓜洗净，去皮、籽，切成小块。② 香蕉剥皮，切成小块。③ 把木瓜、香蕉、牛奶置搅拌机内搅拌约 1 分钟即可。

◎ 食疗作用

此饮能助消化、解便秘，有美白皮肤的功效。木瓜的营养丰富，能理气和胃、平肝舒筋，和香蕉一起榨汁饮用能有助于改善睡眠，具有镇静的作用。

苹莓果菜汁

• 养颜排毒，安稳睡眠

果汁热量 66.6kcal

操作方便度：★★★★☆
推荐指数：★★★★☆

◎ 材料

苹果80克，草莓20克，西红柿50克，生菜50克。

◎ 做法

① 将苹果洗干净，去皮，切成块。草莓洗净，去蒂。② 将西红柿洗净，切成小块。③ 生菜洗净，撕成小片。④ 将所有材料放入果汁机中，加水适量，搅打成汁即可。

◎ 食疗作用

此饮具有助消化、健脾胃、润肺止咳、养颜排毒、安稳睡眠的功效。生菜嫩茎中的白色汁液有安眠功效，与水果一起榨汁对改善睡眠状况有很好的疗效。

营养成分

膳食纤维	蛋白质	脂肪	碳水化合物
1.3g	1.3g	0.5g	13.3g

草莓芹菜果汁

果汁热量 78.4kcal

操作方便度：★★★★☆
推荐指数：★★★★☆

• 消暑除烦，清利小便

◎ 材料

草莓80克，芹菜80克，芒果150克，冰块适量。

◎ 做法

① 草莓洗净，去蒂；芒果去种子，挖出果肉；芹菜洗净。② 放入草莓、柠檬和芹菜，榨汁。③ 把榨出来的果菜汁连同冰块一起放入搅拌机中，加入芒果，搅拌 30 秒即可。

◎ 食疗作用

此饮为蔬果的综合汁，口味香甜，对小便短赤、暑热烦躁等有一定的疗效。

营养成分

膳食纤维	蛋白质	脂肪	碳水化合物
4g	2g	0.4g	13g

五色蔬菜汁

果汁热量 65.4kcal

操作方便度：★★★☆☆
推荐指数：★★★★☆

• 排尽毒素，消除黯沉

◎ 材料

芹菜500克，卷心菜500克，胡萝卜30克，土豆30克，香菇1个，蜂蜜15克。

◎ 做法

① 芹菜洗净，切段；卷心菜洗净，切片；香菇洗净，切块；胡萝卜、土豆洗净，去皮，切块。② 土豆、胡萝卜、香菇用水焯熟后捞起沥干。③ 将全部材料倒入果汁机内，加水适量，搅打成汁。

◎ 食疗作用

本饮品选用了丰富的蔬菜品种，具有很强的排毒功效，早晚各饮一杯，能够有效排除体内毒素，改善皮肤黯沉症状。

营养成分

膳食纤维	蛋白质	脂肪	碳水化合物
1.3g	1.7g	0.6g	22.1g

卷心菜蜜瓜汁

- 通便利尿，清热解燥

果汁热量 73kcal

操作方便度：★★★☆☆
推荐指数：★★★★☆

蔬果搭配

卷心菜………100克
黄河蜜瓜……60克
柠檬…………30克
冰块…………少许
蜂蜜…………10克

营养成分

膳食纤维	蛋白质	脂肪	碳水化合物
3.5g	2.2g	0.9g	16g
维生素B_1	维生素B_2	维生素E	维生素C
0.1mg	0.1mg	1.1mg	60.1mg

食疗功效

本品具有增进食欲、促进消化、预防便秘的功效，对溃疡有着良好的治疗作用。卷心菜和蜜瓜都有通便利尿的功效，能清热解燥。

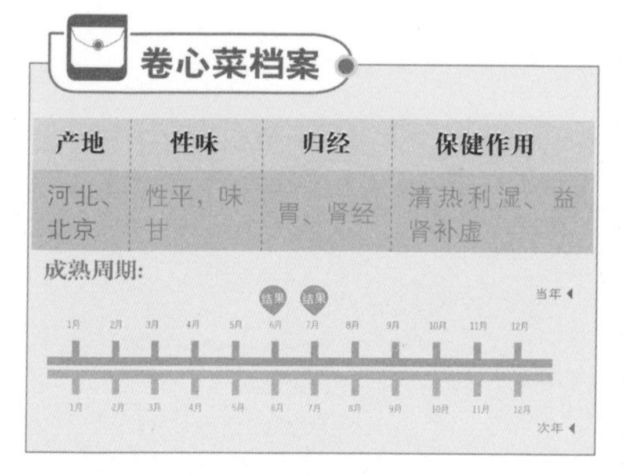

卷心菜档案

产地	性味	归经	保健作用
河北、北京	性平，味甘	胃、肾经	清热利湿、益肾补虚

成熟周期：

挑选卷心菜小窍门

卷心菜的叶球要坚硬紧实，松散的表示包心不紧，不要购买。另外，叶球虽坚实，但顶部隆起，表示球内开始抽薹，中心柱过高，食用口感变差，因此也不要选购。

料理方法

① 卷心菜叶洗净，卷成卷；黄河蜜瓜洗净，去皮、籽；柠檬连皮切成三块。

② 将卷心菜、黄河蜜瓜、柠檬放进榨汁机内榨汁。

③ 将果汁倒入杯中，加入蜂蜜调味，加冰块即可。

葡萄生菜梨子汁

果汁热量 62kcal

操作方便度：★★★☆☆
推荐指数：★★★★☆

• 安神助眠，清脂减肥

蔬果搭配

葡萄…………150克
生菜…………50克
梨子…………100克
柠檬…………30克
冰块…………少许

葡萄 梨子 生菜 柠檬

营养成分

膳食纤维	蛋白质	脂肪	碳水化合物
5.1g	1.9g	1.2g	10.6g
维生素B_1	维生素B_2	维生素E	维生素C
0.1mg	0.1mg	4.4mg	12mg

食疗功效

葡萄生菜梨汁结合了三种蔬果食材的优点，具有清热解毒、补虚益肾的作用，能够促进人体排毒，洗尽肠毒，一身轻松。

生菜档案

产地	性味	归经	保健作用
河北、上海	性冷，味甘	胃、肾经	清热利湿、益肾补虚

成熟周期：

当年：1月 2月 3月 4月 5月 6月（结果） 7月（结果） 8月 9月 10月 11月 12月

次年：1月 2月 3月 4月 5月 6月 7月 8月 9月 10月 11月 12月

挑选生菜小窍门

购买球形生菜要选择松软叶绿、大小适中的，质地很硬的口感差；买散叶生菜时，要选择大小适中，叶片肥厚、鲜嫩的。

料理方法

① 将葡萄、生菜充分洗净，梨子去皮、核，切块。

② 柠檬洗净后，带皮切成薄片。

③ 将葡萄用生菜包裹，与梨子顺序交错地放入榨汁机内榨汁。

④ 将柠檬放入榨汁机内榨汁调味，再加少许冰块即可。

苹果

［性　味］性凉，味甘、酸。
［归　经］脾、肺经。
［功　效］生津止渴、润肺开胃。

苹果白菜汁

［功　效］此饮可缓解便秘，改善肾病、心脏病，同时还有利尿的功效。

45页

苹果香蕉梨汁

［功　效］此饮甘甜适口，具有消除疲劳、改善便秘、排毒养颜的功效，非常适宜上班族工作之余品饮。

54页

大头菜

［性　味］性温，味辛。
［归　经］胃经。
［功　效］开胃消食、排除毒素。

草莓大头菜瓜汁

［功　效］用草莓和大头菜榨制而成的果汁可缓解便秘，改善胃肠病、肝病症状等。

50页

苹果大头菜汁

［功　效］本品具有消肿利尿的作用，能促进排尿，常喝此饮可达到清热解毒的目的。

60页

梨子

［性　味］性寒，味甘，微酸。
［归　经］肺、胃经。
［功　效］止咳化痰、除烦解渴。

胡萝卜梨子汁

［功　效］此饮能缓解肾脏病、肝病，改善便秘，同时还具利尿作用。

56页

葡萄生菜梨子汁

［功　效］葡萄生菜梨汁具有清热解毒、补虚益肾的作用，能够促进人体排毒，洗尽肠毒。

81页

草莓

［性　味］性寒、凉，味甘、酸。
［归　经］脾、肺经。
［功　效］润肺生津、利尿止渴。

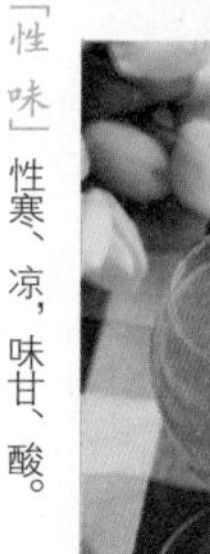

草莓花椰汁

［功　效］经常饮用此蔬果汁能利尿、通便，还可以改善不良情绪。

42页

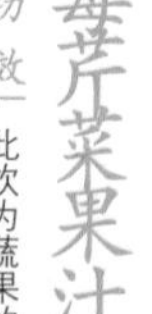

草莓芹菜果汁

［功　效］此饮为蔬果的综合汁，口味香甜，对小便短赤、暑热烦躁等有一定的疗效。

79页

桃子

「性味」性热，味甘、酸、辛。

「归经」肠、胃经。

「功效」祛瘀止汗、镇咳润肠。

酪梨水蜜桃汁

「功效」此饮具有滋养、柔软肌肤、通便利尿的功效，对排出体内毒素有一定帮助。

45页

桃子苹果汁

「功效」此饮有丰富的粗纤维，可整肠排毒，刮除体内的有毒物质。缓解肾脏病、肝病等。

57页

葡萄

「性味」性平，味甘、酸。

「归经」肺、脾、肾经。

「功效」生津止渴、利尿消肿。

葡芹菠萝汁

「功效」此饮能有效地防止便秘，可缓解高血压，对肝、肾病也有一定疗效。

51页

葡萄大头菜梨子汁

「功效」对高血压、低血压、肾脏病等都有一定疗效，还能改善面部浮肿以及小便不利等症。

62页

菠萝

「性味」性平，味甘。

「归经」肺、胃经。

「功效」清热解暑、消食止泻。

莓凤葡萄柚汁

「功效」此饮可防止水肿，并改善便秘症状。另外，对于晒伤也有一定的修复作用。

48页

菠萝果菜汁

「功效」此饮可以缓解疲劳，且具有润肠通便的功效，非常适宜职场人士经常饮用。

68页

柠檬

「性味」性平，味甘、酸。

「归经」肝、胃经。

「功效」生津止渴、健脾开胃。

柠檬柳橙瓜汁

「功效」此饮具有滋润皮肤，缓解肾脏病的功效，同时还有利尿功效。将几种瓜果组合在一起榨汁饮用，能使营养更加全面。

62页

西瓜柠檬汁

「功效」能帮助排除体内多余水分。若能在下午三点前饮用此果汁，更能使其发挥通便的功效。

56页

第二章·纤体

消脂瘦身蔬果汁

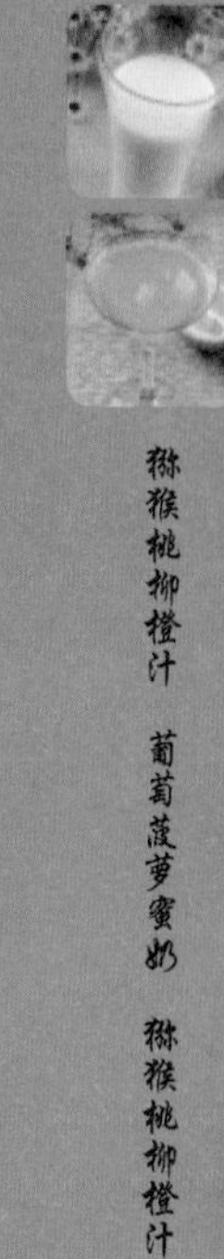

猕猴桃柳橙汁　葡萄菠萝蜜奶　猕猴桃柳橙汁

李子蛋蜜奶　山药苹果优酪乳

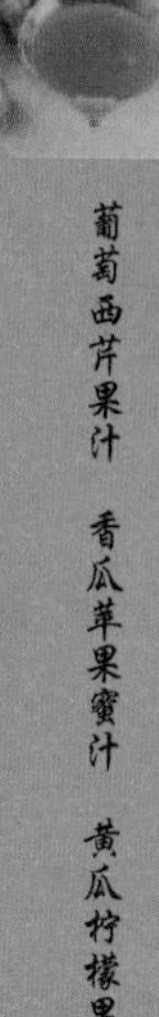

葡萄西芹果汁　香瓜苹果蜜汁　黄瓜柠檬果汁　西红柿蜂蜜汁

麦片木瓜奶昔　草莓柳橙蜜汁　苹果柠檬汁

黄瓜水果汁　西红柿牛奶蜜　蜂蜜枇杷果汁

短时间内急剧的减重多少都会造成身体负担，但如果平时就能善用天然蔬果汁的神奇魔力，不但简便经济，还能让你在身材窈窕之余也兼顾了身体健康。

芒果飘雪凉饮

蔬菜橘子果汁　柳橙蔬菜果汁　马铃薯莲藕汁　甜椒蔬果饮品

生活贴士

柳橙能滋润健胃，草莓具有减肥的作用，经常饮用草莓柳橙汁能够抗衰老，使体态健美。

草莓柳橙汁

- 健美体态，延缓衰老

果汁热量 87kcal

操作方便度：★★★★☆

推荐指数：★★★★☆

蔬果搭配

柳橙……80克　　草莓……50克

抹茶粉……20克　　果糖……10克

料理方法

柳橙洗净，对切压汁；草莓洗净，切小块。将所有材料放入果汁机内搅打成汁即可。

TIPS 柳橙能滋润健胃；草莓具有减肥功效，经常饮用此汁可美白、抗衰老，使体态健美。

食疗功效

柳橙中含有丰富的果胶、蛋白质、钙、磷、铁及B族维生素、维生素C、胡萝卜素等多种营养成分，能软化和保护血管，降低胆固醇和血脂，有健胃、祛痰、镇咳、消食、止逆和止胃痛等功效，非常适合在干燥的秋冬季节饮用。

营养成分

膳食纤维	蛋白质	脂肪	碳水化合物
1.9g	1.2g	0.2g	20.2g
维生素B_1	维生素B_2	维生素E	维生素C
0.1mg	0.1mg	0.7mg	51mg

营养师提醒

✓ 柳橙营养丰富，对多种慢性病均有良好食疗作用。

✗ 过量食用柳橙会引起中毒，出现全身变黄的症状。

草莓蜜桃菠萝汁

- 防治便秘，健胃健体

果汁热量 77kcal

操作方便度：★★★☆☆

推荐指数：★★★★☆

蔬果搭配

草莓……80克　　水蜜桃……50克

菠萝……80克　　水……45毫升

料理方法

草莓洗净；水蜜桃洗净，去皮、去核后切成小块；菠萝去皮，切块。将所有材料放入果汁机内搅打30秒，最后再将果汁倒入杯中，加入碎冰即可。

食疗功效

桃子富含矿物质、微量元素、B族维生素、维生素E等多种对人体健康有益的成分。吃桃可以解渴、滋润肌肤、活血化瘀、祛痰镇咳等。此外，桃子中还含有多种纤维，有润肠作用，可防治便秘。

营养成分

膳食纤维	蛋白质	脂肪	碳水化合物
2.1g	1.4g	0.6g	10.7g
维生素B_1	维生素B_2	维生素E	维生素C
0.1mg	0.2mg	5.7mg	16.5mg

营养师提醒

✓ 桃子去皮吃口感更好，也能避免部分人对桃子表皮的毛过敏。

✗ 桃子性温、味甘甜，不宜多食，否则易发疮疖；且不宜与龟、蟹同食。

TIPS 草莓含有天冬氨酸，具有健胃、减肥的功效，经常饮用此汁可使体态健美。

黄瓜水果汁

果汁热量 199.3kcal

操作方便度：★★★★☆
推荐指数：★★★☆☆

• 苗条身材，不畏赘肉

蔬果搭配

黄瓜…………250克
苹果…………200克
柠檬…………30克
冰糖…………15克

营养成分

膳食纤维	蛋白质	脂肪	碳水化合物
2.6g	2.5g	1.4g	34g
维生素B_1	维生素B_2	维生素E	维生素C
0.1mg	0.1mg	3.1mg	40.5mg

食疗功效

此饮可延缓皮肤衰老，丰富的B族维生素，可防止口角炎、唇炎，还能润滑皮肤，保持苗条身材。

料理方法

① 黄瓜洗净，切开，去籽，切成小块。
② 苹果洗净，去皮、去籽，切块。
③ 柠檬洗净，切成片。
④ 以上各种原材料放入榨汁机内榨成汁，再加入冰糖拌匀即可。

黄瓜档案

产地	性味	归经	保健作用
黑龙江 河北	性寒，味甘	肺、胃、大肠经	清热利水、解毒消肿

成熟周期：

当年：1月 2月 3月 4月 5月 6月（结果） 7月（结果） 8月（结果） 9月（结果） 10月 11月 12月

次年：1月 2月 3月 4月 5月 6月 7月 8月 9月 10月 11月 12月

挑选黄瓜小窍门

选购黄瓜，色泽应亮丽，外表有刺状凸起更好。若手摸发软，已经变黄，则黄瓜籽多粒大，已经不是新鲜的黄瓜了。

西红柿牛奶蜜

果汁热量 29kcal

操作方便度：★★★★☆
推荐指数：★★★★★

• 瘦身美容，强健体魄

蔬果搭配

西红柿………200克
牛奶…………90毫升
蜂蜜…………30毫升
冰块…………适量

营养成分

膳食纤维	蛋白质	脂肪	碳水化合物
0.3g	0.5g	1.5g	1.1g
维生素B_1	维生素B_2	维生素E	维生素C
0.1mg	0.1mg	0.3mg	9mg

食疗功效

西红柿富含维生素C和番茄红素，是美容瘦身的圣品。西红柿还具有抗氧化功能，能防癌，且可对动脉硬化患者产生很好的作用。牛奶性味甘、微寒，具有润肺、润肠、通便的作用。

料理方法

① 西红柿洗净，去蒂后切成块。

② 再将冰块、西红柿及其他材料放入果汁机高速搅拌40秒即可。

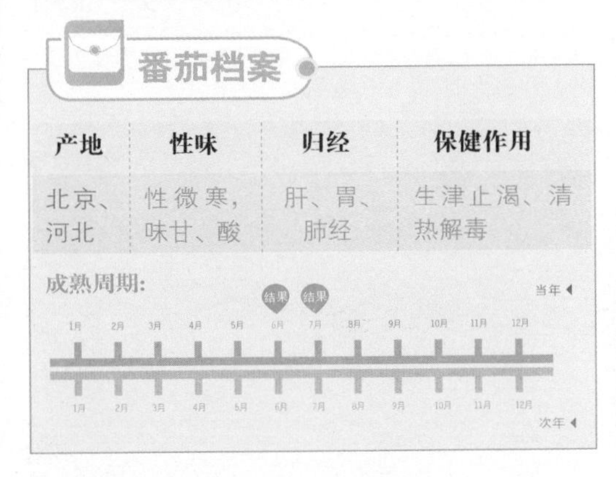

番茄档案

产地	性味	归经	保健作用
北京、河北	性微寒，味甘、酸	肝、胃、肺经	生津止渴、清热解毒

挑选蜂蜜小窍门

不纯的蜂蜜闻起来会有水果糖或人工香精味，掺有香料的蜜有异常香味，纯蜂蜜气味天然，有淡淡的花香。

蜂蜜枇杷果汁

果汁热量 144.5kcal

操作方便度：★★★★☆
推荐指数：★★★☆☆

• 消脂润肤，整肠通便

营养成分

膳食纤维	蛋白质	脂肪	碳水化合物
1.8g	1.9g	1g	31.8g

◎ 材料

枇杷150克，香瓜50克，菠萝100克，蜂蜜10毫升，冷开水150毫升。

◎ 做法

① 将香瓜洗净，去皮，切成小块。② 菠萝去皮，切成块后，枇杷也同样洗净，去皮。③ 将蜂蜜、水和准备好的材料放入榨汁机内榨成汁即可。

◎ 食疗作用

在冷藏10分钟或加入冰块后饮用效果会更佳。此饮可以美白消脂，润肤丰胸，是纤体的最佳饮品之一。

麦片木瓜奶昔

果汁热量 70.2kcal

操作方便度：★★★★☆
推荐指数：★★★★☆

• 缓解便秘带来的不适

◎ 材料

麦片5克，木瓜60克，脱脂鲜奶100毫升。

◎ 做法

① 将木瓜清洗干净，去皮，把果肉切成小块。② 麦片放入温水中浸泡15分钟。③ 将所有原材料拌匀倒入果汁机内，以慢速搅打30秒，倒出即可饮用。

◎ 食疗作用

木瓜具有助消化、消暑解渴、润肺止咳的功效。经常食用具有平肝和胃、舒筋活络、软化血管、抗菌消炎、抗衰养颜、抗癌防癌的效果。

营养成分

膳食纤维	蛋白质	脂肪	碳水化合物
0.5g	3.2g	3g	7.8g

草莓柳橙蜜汁

操作方便度：★★★★☆
推荐指数：★★★★☆

• 美白消脂，润肤丰胸

材料

草莓60克，柳橙60克，鲜奶90毫升，蜂蜜30克，碎冰60克。

做法

① 草莓洗净，去蒂，切成块。② 柳橙洗净，对切压汁。③ 把除碎冰外的材料放入果汁机内，高速搅拌30秒。④ 倒出果汁加入碎冰即可。

食疗作用

草莓利尿消肿，改善便秘，柳橙降低胆固醇和血脂，改善皮肤干燥，故此饮可美白消脂，润肤丰胸，是纤体佳品之一。

营养成分

膳食纤维	蛋白质	脂肪	碳水化合物
3.5g	2.1g	1.7g	24.5g

苹果柠檬汁

果汁热量 43kcal

操作方便度：★★★★☆
推荐指数：★★★★☆

• 降脂降压，纤体塑形

材料

苹果60克，柠檬30克，开水60毫升，碎冰60克。

做法

① 苹果洗净，去皮、去核、去籽后切成小块。② 柠檬洗净压汁。③ 再将碎冰除外的材料放入果汁机内拌匀。④ 果汁倒入杯中加入碎冰即可。

食疗作用

苹果能降低血胆固醇，保持血糖稳定，降低过旺的食欲，有利于减肥。苹果汁能消灭传染性病毒，治疗腹泻，预防蛀牙。柠檬具有止渴生津、去暑、安胎、健胃、止痛等功效。

营养成分

膳食纤维	蛋白质	脂肪	碳水化合物
0.4g	0.2g	0.3g	9.2g

生活贴士
诸多蔬果汁中都会加入冰糖调味，但是在服用一些药物期间，要避免食用冰糖，否则会引起腹胀、腹泻及腹痛等不适，所以服药期间的饮食还要遵医嘱。
凤柳
蛋黄蜜汁
酸甜
菠萝果汁

凤柳蛋黄蜜汁

● 利尿降压，促进消化

果汁热量 79.3kcal

操作方便度：★★★☆☆
推荐指数：★★★★☆

蔬果搭配

菠萝……100克　柳橙……50克
蛋黄……15克　蜂蜜……10克
冷开水……45毫升　冰块……100克

料理方法

菠萝去皮后切小块压汁；柳橙洗净，对切后压汁备用。将菠萝汁及其他材料倒入摇杯中盖紧，摇动10～20下，再倒入杯中。

TIPS 此蔬果汁具有帮助消化、利尿、降血压的功效。

食疗功效

蛋黄中含有促进大脑发育、骨骼发育的成分，幼儿、青少年、孕妇和营养不良的人群应适量食用，做成果汁后饮用效果更佳。

营养成分

膳食纤维	蛋白质	脂肪	碳水化合物
0.5g	0.8g	0.5g	16.5g
维生素B_1	维生素B_2	维生素E	维生素C
0.1mg	0.1mg	—	27.4mg

营养师提醒

✓ 吃鸡蛋时以煮、蒸的方法最好，普通人一天吃一个鸡蛋足够。

✗ 患高脂血症、高血压病、冠心病、血管硬化的患者则不宜多食。

酸甜菠萝果汁

● 告别脂肪，重塑体形

果汁热量 73kcal

操作方便度：★★★★☆
推荐指数：★★★☆☆

蔬果搭配

菠萝……50克　冰糖……30克
碎冰块……60克

料理方法

菠萝去皮后切小块。将菠萝块用稀盐水或糖水浸泡一会。将所有材料放入果汁机内，以高速搅拌30秒即可。

食疗功效

冰糖的理化性质与精炼砂糖相同，通常用作中药引子，在不少国家被当做医治伤风感冒的良药，更受到广大农村消费者的喜爱。

营养成分

膳食纤维	蛋白质	脂肪	碳水化合物
0.2g	0.3g	0.2g	34.2g
维生素B_1	维生素B_2	维生素E	维生素C
0.1mg	0.1mg	—	12mg

营养师提醒

✓ 菠萝应少吃一些。

✗ 在服用某些药物时忌食冰糖，否则可能会引起腹胀、腹痛甚至腹泻。

TIPS 菠萝果汁可治疗支气管炎，但对口腔黏膜有刺激作用，血液凝血机能不全者应慎食之。

生活贴士

胡萝卜香瓜菜汁中所用的香瓜，其蒂部含有毒素，生食过量会使人中毒，尤其是有吐血、咳血、胃溃疡的病人要谨慎食用。

胡萝卜香瓜菜汁

- 清热祛燥，安神凝脂

果汁热量 83kcal

操作方便度：★★★★☆
推荐指数：★★★★☆

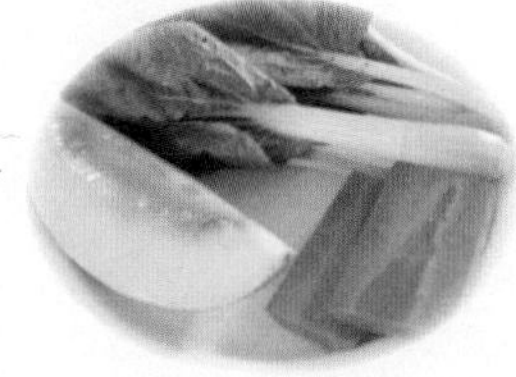

蔬果搭配

胡萝卜……100克　香瓜……100克
小白菜……70克　冰块……适量

料理方法

胡萝卜洗净切成小块；香瓜洗净去籽切小块。小白菜洗净去黄叶，撕成小块。将准备好的材料和冰块一起放入榨汁机内榨成汁即可。

TIPS 可以加入少许柠檬汁，味道则会更佳。

食疗功效

香瓜品种繁多，各种香瓜均含有苹果酸、葡萄糖、氨基酸、维生素C等营养物质。香瓜果肉生食，可止渴清燥，消除口臭等；香瓜籽可清热解毒利尿；香瓜蒂可作外用药。

营养成分

膳食纤维	蛋白质	脂肪	碳水化合物
2.6g	2.9g	0.7g	15.1g
维生素B_1	维生素B_2	维生素E	维生素C
0.1mg	0.2mg	1.7mg	55mg

营养师提醒

✓ 香瓜气味馨香，口感脆甜，除了生吃还可以与鸡肉炒制成菜。

✗ 香瓜蒂有毒，生食过量会中毒。有吐血、咳血病者和胃溃疡病人及心脏病患者均慎食之。

苹果芹菜梅汁

- 敛肺止咳，生津止渴

果汁热量 100kcal

操作方便度：★★★★☆
推荐指数：★★★★☆

蔬果搭配

苹果……150克　芹菜……100克
柠檬……30克　青梅……80克

料理方法

苹果洗净，切成大小适当的块。青梅洗净，对切。将芹菜洗净，切成小段；柠檬洗净，对切。将所有材料放入榨汁机内榨成汁即可。

食疗功效

中医认为，青梅性味酸、温，能敛肺止咳，生津止渴，对痢疾、崩漏等症都有明显的治疗功效。青梅中含有柠檬酸、琥珀酸等成分，能使胆囊收缩，促进胆汁分泌，可抗癌、抗菌、延缓衰老、减肥等。

营养成分

膳食纤维	蛋白质	脂肪	碳水化合物
2.2g	1.4g	1g	21g
维生素B_1	维生素B_2	维生素E	维生素C
0.1mg	0.1mg	1.7mg	19mg

营养师提醒

✓ 青梅可与许多中药搭配，制成很好的药膳，也能做一些民间验方。

✗ 青梅酸敛之性很强，故有实热积滞者不宜食用。

TIPS 此汁除能瘦身外，还可预防肠胃疾病。

李子蛋蜜奶

• 排毒塑形，减肥健美

果汁热量 73kcal

操作方便度：★★★☆☆
推荐指数：★★★★☆

蔬果搭配

李子…………50克
蛋黄…………15克
鲜奶…………240毫升
冰糖…………10克

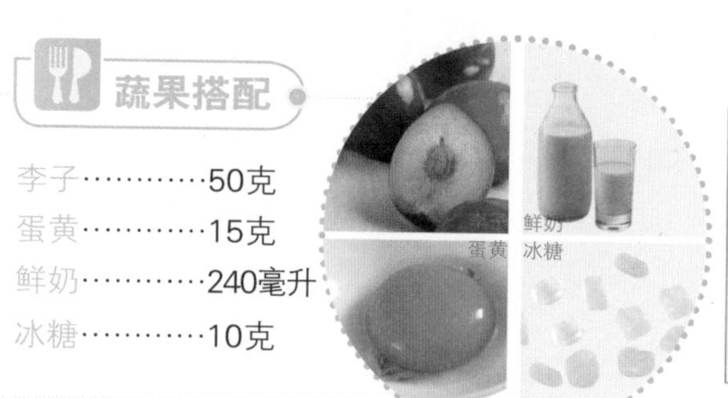

营养成分

膳食纤维	蛋白质	脂肪	碳水化合物
0.7g	0.9g	0.4g	9.2g
维生素B_1	维生素B_2	维生素E	维生素C
0.1mg	0.1mg	0.3mg	34.4mg

食疗功效

李子含丰富的苹果酸、柠檬酸等，可止渴、消水肿、利尿。经常饮用这道蔬果汁有助于美容瘦身。

料理方法

① 李子洗净，去核，切大丁。
② 将全部材料放入果汁机内，搅拌2分钟即可。

李子档案

产地	性味	归经	保健作用
河北、陕西	性微温，味苦、酸	肝、肾经	清热解毒、利湿止痛

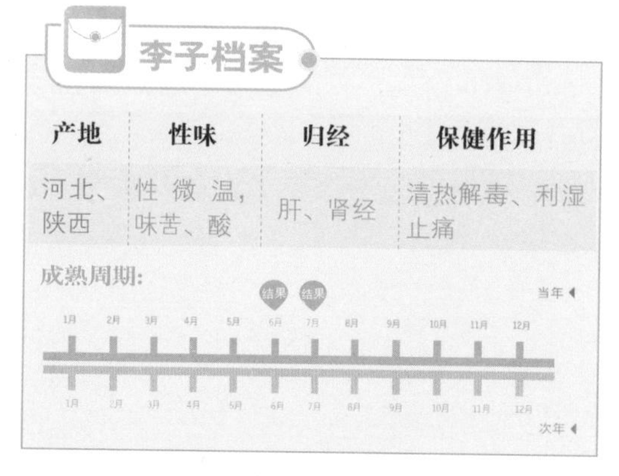

挑选李子小窍门

选购李子的时候应该先用手捏一下，如果手感很硬，那么其味道大多酸涩；如果略有弹性，则成熟度较好，味道脆甜；当手感非常软的时候，说明味道很甜，但是马上就要腐烂。

山药苹果优酪乳

• 消脂丰胸，延缓衰老

果汁热量 296kcal

操作方便度：★★★★☆
推荐指数：★★★☆☆

蔬果搭配

新鲜山药……200克
苹果…………200克
酸奶…………150毫升
冰糖…………15克

营养成分

膳食纤维	蛋白质	脂肪	碳水化合物
2.6g	6.2g	3.5g	59.5g
维生素B_1	维生素B_2	维生素E	维生素C
0.2mg	0.2mg	3.7mg	29mg

食疗功效

此饮可以丰胸消脂、抗衰老。脾胃较弱、消化不良、胀气者应减量服用。山药有收涩的作用，故大便燥结者不宜食用。

料理方法

① 将山药洗干净，削皮，切成小块。
② 苹果洗干净，去皮，切成小块。
③ 将准备好的材料放入果汁机内，倒入酸奶、冰糖搅打即可。

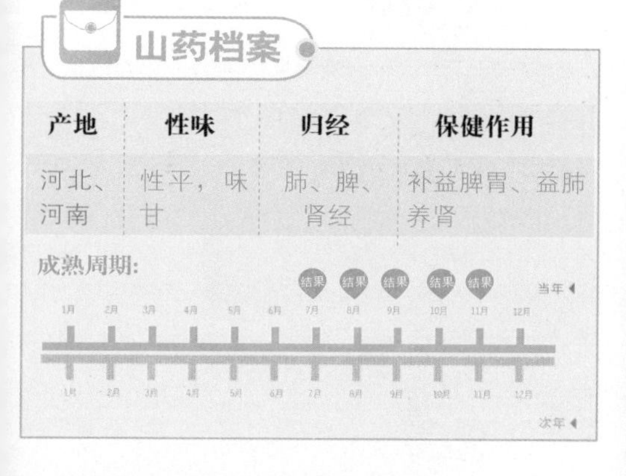

山药档案

产地	性味	归经	保健作用
河北、河南	性平，味甘	肺、脾、肾经	补益脾胃、益肺养肾

成熟周期：

挑选山药小窍门

首先要看重量，大小相同的山药，较重的更好；其次看须毛，同一品种的山药，须毛越多的越好；须毛越多的山药口感更面，含山药多糖更多，营养也更好。最后再看横切面，山药的横切面肉质应呈雪白色，这说明是新鲜的，若呈黄色似铁锈的切勿购买。

猕猴桃柳橙汁

果汁热量 149.8kcal

操作方便度：★★★★☆
推荐指数：★★★☆☆

• 促进消化，缓解便秘

蔬果搭配

猕猴桃………30克
柳橙…………60克
蜂蜜…………15毫升
碎冰…………80克

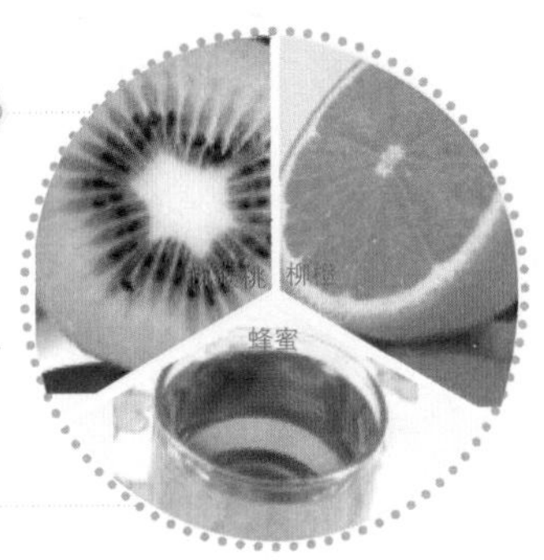

营养成分

膳食纤维	蛋白质	脂肪	碳水化合物
1.7g	1g	1g	35.6g
维生素B_1	维生素B_2	维生素E	维生素C
0.1mg	0.1mg	0.9mg	346mg

食疗功效

此饮有解热、止渴之功效，能改善食欲不振、消化不良，还可以抑制致癌物质的产生。

料理方法

① 将猕猴桃洗净，对切后挖出果肉备用。
② 柳橙洗净，对切，压汁。
③ 碎冰、猕猴桃及其他材料放入果汁机内，以高速搅打30秒即可。

猕猴桃档案

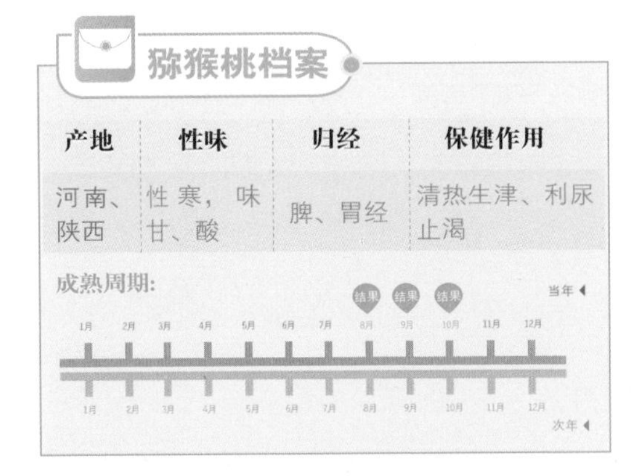

产地	性味	归经	保健作用
河南、陕西	性寒，味甘、酸	脾、胃经	清热生津、利尿止渴

挑选猕猴桃小窍门

猕猴桃果形呈椭圆形，表面光滑无皱，果脐小而圆并且向内收缩，果皮呈均匀的黄褐色，富有光泽，果毛细而不易脱落者，说明其品种优良，口感出众。

葡萄菠萝蜜奶

果汁热量 58.7kcal

操作方便度：★★★★☆

推荐指数：★★★★☆

- 轻松排毒，简单减肥

蔬果搭配

白葡萄………50克

柳橙…………30克

菠萝…………150克

鲜奶…………30毫升

营养成分

膳食纤维	蛋白质	脂肪	碳水化合物
1.2g	0.8g	1.2g	32.4g
维生素B_1	维生素B_2	维生素E	维生素C
0.1mg	0.1mg	0.2mg	26mg

食疗功效

葡萄舒筋活血、助消化、抗癌防老、通利小便；菠萝也可助消化、利尿。常饮此汁有助于身体排毒。

葡萄档案

产地	性味	归经	保健作用
新疆、甘肃	性平，味甘、酸	肺、脾、肾经	生津止渴、利尿消肿

成熟周期：

结果 8月、9月、10月（当年）

1月 2月 3月 4月 5月 6月 7月 8月 9月 10月 11月 12月（当年）

1月 2月 3月 4月 5月 6月 7月 8月 9月 10月 11月 12月（次年）

挑选葡萄小窍门

外观新鲜，颗粒饱满，外有白霜者，品质为最佳。成熟度适中的葡萄，颜色较深、较鲜艳，如玫瑰香葡萄为黑紫色，巨峰葡萄为黑紫色，马奶葡萄为黄白色等。

料理方法

① 白葡萄洗净，去皮、去籽。

② 柳橙洗净，切块，压汁。

③ 菠萝去皮，切块。

④ 碎冰除外的材料放入果汁机，搅打后倒入杯中再加冰块即可。

葡萄西芹果汁

- 紧致腹肌，告别肚腩

果汁热量 119.8kcal

操作方便度：★★★★☆
推荐指数：★★★★☆

营养成分

膳食纤维	蛋白质	脂肪	碳水化合物
1.4g	6.5g	6.2g	10.3g

◎ 材料

葡萄50克，西芹60克，酸奶240毫升。

◎ 做法

① 将葡萄洗干净，去掉葡萄籽。② 将西芹择叶洗干净，叶子撕成小块，备用。③ 将准备好的材料放入果汁机内搅打成汁即可。

◎ 食疗作用

这道蔬果汁含有丰富的膳食纤维，加上乳酸菌可以使腹部清爽，还具有消除疲劳的功效。

香瓜苹果蜜汁

- 清香甜美，快速美体

果汁热量 92kcal

操作方便度：★★★★☆
推荐指数：★★★★☆

◎ 材料

香瓜60克，苹果200克，柠檬50克，冰块适量。

◎ 做法

① 香瓜洗净，去瓜蒂、去籽，削皮，切成小块。② 将苹果洗净，去皮、去核，切成块。③ 将准备好的材料倒入榨汁机内榨成汁。④ 挤入柠檬汁，调入冰块即可。

◎ 食疗作用

这道蔬果汁有美容纤体的功效，还可以改善高血压症状。

营养成分

膳食纤维	蛋白质	脂肪	碳水化合物
1.3g	0.8g	1g	17.6g

黄瓜柠檬果汁

66kcal

操作方便度：★★★★☆

推荐指数：★★★★☆

• 美容纤体，清热解暑

材料

黄瓜300克，柠檬50克，冰糖10克。

做法

① 黄瓜洗净，去蒂，用热水烫后备用。② 柠檬清洗干净后切成片状。③ 将黄瓜切碎，与柠檬一起放入榨汁机内，加少许水榨成汁。④ 取汁，放入冰糖拌匀即可。

食疗作用

黄瓜具有清热、解暑、利尿的功效。这道蔬果汁还有美容纤体的作用。

营养成分

膳食纤维	蛋白质	脂肪	碳水化合物
2.1g	2.9g	1.2g	10.7g

西红柿蜂蜜汁

果汁热量 48.7kcal

操作方便度：★★★★☆

推荐指数：★★★★☆

• 润肠通便，强心健体

材料

西红柿200克，蜂蜜30毫升，冷开水50毫升，冰块100克。

做法

① 将西红柿洗干净，去蒂后切成小块，备用。
② 将冰块、西红柿及其他原材料一起放入果汁机中，以高速搅拌40秒即可。

食疗作用

蜂蜜能改善血液的成分，促进心脏和血管功能，对肝脏也有保护作用，能促进肝细胞再生，对脂肪肝的形成也有一定的抑制作用。

营养成分

膳食纤维	蛋白质	脂肪	碳水化合物
0.1g	0.2g	0.3g	12.1g

菠萝木瓜橙汁

果汁热量 115kcal

操作方便度：★★★☆☆
推荐指数：★★★★☆

• 清心润肺，帮助消化

蔬果搭配

菠萝…………45克
木瓜…………45克
苹果…………150克
柳橙…………80克
碎冰…………30克

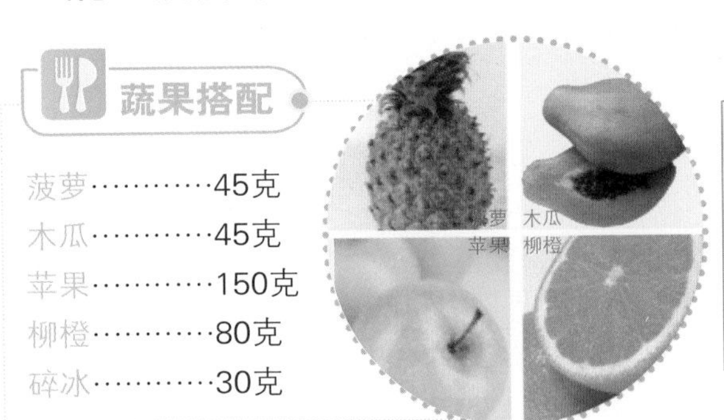

营养成分

膳食纤维	蛋白质	脂肪	碳水化合物
1.3g	1g	0.7g	26.1g
维生素B_1	维生素B_2	维生素E	维生素C
0.1mg	0.1mg	2mg	61mg

食疗功效

此饮能清心润肺，帮助消化，治胃病，而木瓜中独有的木瓜碱，还有抗肿瘤之功效。

料理方法

① 菠萝去皮后切成块。
② 木瓜洗净，去皮、籽后切成块。
③ 苹果洗净，去皮，切块。
④ 柳橙洗净，对切后压汁。
⑤ 将碎冰、菠萝等放入果汁机，高速搅打30秒即可。

木瓜档案

产地	性味	归经	保健作用
河北、山东	性平、微寒，味甘	肝、脾经	润肺止咳、消暑解渴

成熟周期：

当年：1月 2月 3月 4月 5月 6月 7月 8月 9月 10月 11月 12月（结果：9月、10月）

次年：1月 2月 3月 4月 5月 6月 7月 8月 9月 10月 11月 12月

生活小窍门

到了夏季随着气温的升高，蚊子也逐渐多了起来，我们可以掌握一些驱蚊小窍门来赶走恼人的蚊虫。可以把柳橙皮晾干后包在丝袜中放在墙角，散发出来的气味既可以防蚊又清新了空气。

清体 纤体 补体 养颜美白 健康养颜

萝苹草莓汁

果汁热量 89kcal

操作方便度：★★★★☆

推荐指数：★★★★☆

• 告别肥胖，增强体魄

蔬果搭配

苹果…………150克

草莓…………20克

胡萝卜………50克

柠檬…………30克

碎冰…………60克

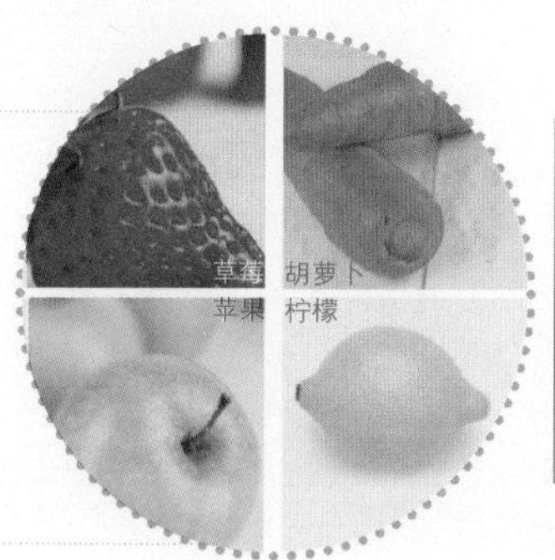

营养成分

膳食纤维	蛋白质	脂肪	碳水化合物
1.8g	0.9g	0.6g	19.6g
维生素B_1	维生素B_2	维生素E	维生素C
0.1mg	0.1mg	2mg	31mg

食疗功效

本品营养丰富、热量低。丰富的纤维质有助排泄，是爱美怕胖人士可选择的饮料。

胡萝卜档案

产地	性味	归经	保健作用
山东、浙江	性平，味甘	肺、脾经	健胃消食、润肠通便

成熟周期：结果 7月、8月、9月

挑选胡萝卜小窍门

胡萝卜不要买太大的，上下粗细均匀比较好。

料理方法

① 苹果洗净，去皮、籽、核，切块。

② 草莓洗净，去蒂，切块。

③ 胡萝卜洗净，切块；柠檬洗净，压汁。

④ 将除碎冰外的材料放入果汁机内搅打，倒入杯中，加冰即可。

仙人掌葡芒汁

果汁热量 105.8kcal

操作方便度：★★★☆☆

推荐指数：★★★★☆

• 轻松减肥，愉快瘦身

蔬果搭配

葡萄…………120克

仙人掌………50克

芒果…………200克

香瓜…………300克

冰块…………适量

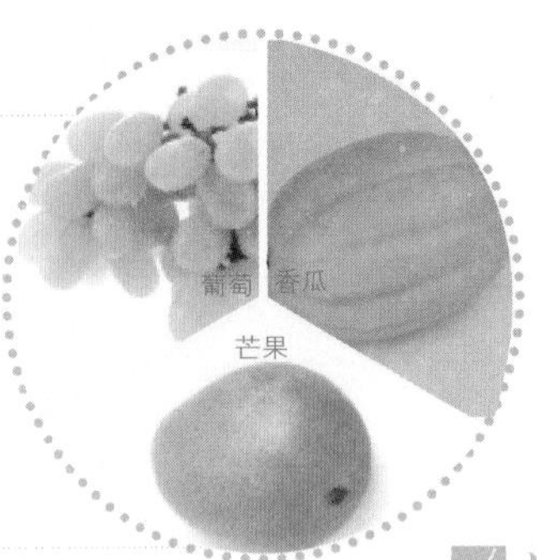

营养成分

膳食纤维	蛋白质	脂肪	碳水化合物
5.9g	2.9g	1.2g	26g
维生素B_1	维生素B_2	维生素E	维生素C
0.1mg	0.2mg	3.5mg	97mg

料理方法

① 葡萄和仙人掌洗净；香瓜削皮去除种子，切成可放入榨汁机的大小；芒果挖出果肉。

② 冰块放入榨汁机内。

③ 用榨汁机将葡萄、仙人掌、香瓜压榨成汁。

④ 将压榨出的果菜汁放入果汁机，加入芒果，充分搅拌后即可。

食疗功效

仙人掌具有食疗功效，与芒果、葡萄、香瓜所榨成的汁纤体效果明显。

香瓜档案

产地	性味	归经	保健作用
河北、河南	性寒，味甘	胃、肺、大肠经	清热解暑、除烦利尿

成熟周期：

当年：1月 2月 3月 4月 5月 6月（结果） 7月（结果） 8月 9月 10月 11月 12月

次年：1月 2月 3月 4月 5月 6月 7月 8月 9月 10月 11月 12月

挑选香瓜小窍门

挑选香瓜首先要用手弹，稍有点颤音的很好吃；然后要看手感，不要太软，还要闻一下，有浓郁的香味才好吃。

香蕉苦瓜果汁

果汁热量 73kcal

操作方便度：★★★★☆
推荐指数：★★★★☆

• 降脂降糖，纤体瘦身

蔬果搭配

香蕉…………100克
苦瓜…………100克
苹果…………50克
水……………100毫升

营养成分

膳食纤维	蛋白质	脂肪	碳水化合物
6.3g	2g	0.4g	17.4g
维生素B_1	维生素B_2	维生素E	维生素C
0.1mg	0.1mg	1.9mg	130.5mg

食疗功效

此饮中丰富的维生素C可预防感冒，大量的食物纤维可促进脂肪和胆固醇的分解，达到纤体的效果。

料理方法

① 香蕉去皮，切成块；苹果洗净，去皮、去核，切块。② 将苦瓜洗净，去籽，切成大小适当的块状。③ 将全部材料放入果汁机内搅打成汁即可。

香蕉档案

产地	性味	归经	保健作用
四川、福建	性寒，味甘	肺、大肠经	润肠通便、润肺止咳

成熟周期：

当年：9月、10月、11月 结果

挑选香蕉小窍门

选购香蕉时，要选择颜色鲜黄的。然后要用手捏捏，富有弹性的比较好，如果质地过硬，说明比较生，而太软又可能过熟容易腐烂。

调节肠道：肠道畅通每一天

生活贴士

猕猴桃中的维生素C含量很高，所以一定要避免与海鲜、牛奶等高蛋白食物一起吃，以免引起不适感。

猕猴桃葡萄汁

● 调节肠胃，稳定情绪

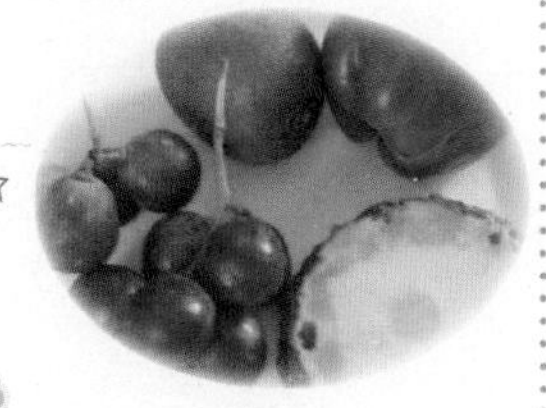

果汁热量 76.3kcal

操作方便度：★★★★☆
推荐指数：★★★★☆

蔬果搭配

葡萄……120克	青椒……20克
菠萝……100克	猕猴桃……50克

料理方法

葡萄去皮，去籽；猕猴桃去皮，切小块。菠萝去皮，切小块；青椒洗净，切小块。将所有材料放入果汁机内搅打成汁即可。

TIPS 这道蔬果汁可以消除疲劳，同时含有丰富的维生素C，具有美容瘦身的功效。

食疗功效

现代医学研究分析，猕猴桃果实含有丰富的糖类、氨基酸，有预防癌症、调节肠胃功能、强化免疫系统、稳定情绪的功效。猕猴桃既可用于治疗内、外、妇科疾病，又可用于抗衰老和抑制癌细胞生长。

营养成分

膳食纤维	蛋白质	脂肪	碳水化合物
1.7g	1g	1g	35.6g
维生素B_1	维生素B_2	维生素E	维生素C
0.1mg	0.1mg	0.9mg	346mg

营养师提醒

✓ 选择猕猴桃应该选择捏起来比较硬的，太软的果实容易腐烂，不好存放。

✗ 猕猴桃中的维生素C的含量很高，所以不宜与海鲜、牛奶等高蛋白食物一起食用。

葡萄萝梨汁

● 调整睡眠，促进代谢

果汁热量 88.8kcal

操作方便度：★★★★☆
推荐指数：★★★★☆

蔬果搭配

葡萄……120克	萝卜……200克
梨子……150克	冰块……少许

料理方法

葡萄去皮和种子；梨子洗净，切块。萝卜洗净，切块。将所有材料放入榨汁机内榨出汁即可。

食疗功效

葡萄含有丰富的碳水化合物、糖类，其中的褪黑素还可以帮助调节睡眠周期，并能治疗失眠。葡萄中大部分有益物质可以被人体直接吸收，对人体新陈代谢等一系列活动可起到良好的作用。

营养成分

膳食纤维	蛋白质	脂肪	碳水化合物
2.9g	1.5g	1.2g	17.4g
维生素B_1	维生素B_2	维生素E	维生素C
0.2mg	0.1mg	0.4mg	54mg

营养师提醒

✓ 近来有研究表明，萝卜所含的纤维木质素有较强的抗癌作用，生吃效果更好。

✗ 葡萄含糖很高，性温，因此容易产内热、便秘或腹泻、烦闷不节等副作用，体虚便秘者不宜食之。

TIPS 葡萄中含有丰富的维生素C，可增强体力，有助于肠胃蠕动，排毒养颜。

玫瑰黄瓜饮

- 固肾利尿，清热解毒

果汁热量 167.5kcal

操作方便度：★★★★☆
推荐指数：★★★☆☆

蔬果搭配

黄瓜…………300克
西瓜…………350克
鲜玫瑰花……50克
柠檬…………30克
蜂蜜…………少许

营养成分

膳食纤维	蛋白质	脂肪	碳水化合物
2.1g	3.4g	0.6g	31.7g
维生素B_1	维生素B_2	维生素E	维生素C
0.2mg	0.2mg	1.7mg	62mg

食疗功效

西瓜汁中的氨基酸有利尿的作用，对肾脏有益，可促进新陈代谢。

料理方法

① 将西瓜去皮、去籽，切碎；玫瑰花洗净备用。

② 将西瓜、玫瑰捣碎，再加入冷开水，放入果汁机中搅打成汁，去渣取汁。

③ 与单独榨好的柠檬汁搅拌均匀即可。

西瓜档案

产地	性味	归经	保健作用
北京、海南	性寒，味甘	心、膀胱经	清热解毒、利尿止渴

成熟周期：结果 5月、6月、7月、8月（当年）

挑选西瓜小窍门

成熟西瓜的皮一般是比较光滑，有光泽的；另外，瓜成熟后，花纹一般能散开，如果还是紧紧的，那就不能选择。

西红柿鲜蔬果汁

果汁热量 43kcal

操作方便度：★★★☆☆
推荐指数：★★★★★

- 清理肠胃，净化血液

蔬果搭配

西红柿………150克
西芹…………150克
青椒…………10克
柠檬…………15克
矿泉水………150克

西红柿 西芹 青椒 柠檬

营养成分

膳食纤维	蛋白质	脂肪	碳水化合物
1.8g	2.1g	0.3g	8.3g
维生素B_1	维生素B_2	维生素E	维生素C
0.1mg	0.1mg	1.2mg	29mg

食疗功效

西红柿含有大量的有机酸，有机酸可净化血液及肠胃；西芹中又含有大量的膳食纤维，能够促进排除人体内毒素。此饮能有效调节肠道，促进健康减肥。

青椒档案

产地	性味	归经	保健作用
河北、河南	性热，味辛	心、脾经	开胃消食

成熟周期：

当年：10月 结果，11月 结果

1月 2月 3月 4月 5月 6月 7月 8月 9月 10月 11月 12月

次年：1月 2月 3月 4月 5月 6月 7月 8月 9月 10月 11月 12月

挑选青椒小窍门

青椒的肉越厚，口感越好，味道也越甜。挑选的时候，要挑色泽鲜亮的、个头饱满的；同时还要用手掂一掂、捏一捏。份量沉的，而且不软的都是新鲜的、好的青椒。

料理方法

① 西红柿洗净，去蒂，切小块。

② 西芹、青椒洗净，切粒；柠檬切片，用榨汁机榨成汁。

③ 西红柿、西芹、青椒、矿泉水、冰块入果汁机内，用慢速搅打30秒。

④ 再加入柠檬汁调匀即可。

猕猴桃柳橙汁

果汁热量 86.6kcal

操作方便度：★★★★☆
推荐指数：★★★★☆

• 调理胃病，促进消化

材料

猕猴桃100克，柳橙40克，糖水30毫升，蜂蜜15克，碎冰100克。

做法

① 猕猴桃洗净，对切，挖出果肉。② 柳橙洗净，切开压汁。③ 将碎冰除外的其他材料放入果汁机内，以高速搅打30秒。④ 最后加入碎冰即可。

营养成分

膳食纤维	蛋白质	脂肪	碳水化合物
2g	0.7g	0.7g	20.2g

食疗作用

此饮可改善消化不良、食欲不振等状况。猕猴桃营养丰富，可整理肠道，对各种肠胃疾病均有一定的调节作用。

蔬菜橘子果汁

果汁热量 86kcal

操作方便度：★★★★☆
推荐指数：★★★★☆

• 消积止渴，美容养颜

材料

卷心菜300克，橘子100克，柠檬30克，冰块适量。

做法

① 将卷心菜洗干净，撕成小块。② 将橘子剥去皮，去掉内膜和籽。③ 柠檬切片备用。④ 把准备好的材料倒入榨汁机内榨成汁，加入冰块即可。

营养成分

膳食纤维	蛋白质	脂肪	碳水化合物
3.4g	3.8g	0.8g	8.1g

食疗作用

这道蔬果汁有改善消化不良、美容等功效。

柳橙蔬菜果汁

68kcal

操作方便度：★★★★☆
推荐指数：★★★★☆

• 消食开胃，疏肝理气

材料

柳橙100克，紫包心菜100克，柠檬50克，芹菜50克，蜂蜜10克。

做法

① 柳橙洗净榨成汁；柠檬去皮榨成汁。② 包心菜洗净，切小块；芹菜洗净，与包心菜一起放入果汁机中。③ 加入冷开水、柠檬汁、柳橙汁、蜂蜜调匀即可。

营养成分

膳食纤维	蛋白质	脂肪	碳水化合物
2.5g	2.7g	0.9g	12.6g

食疗作用

柳橙可疏肝理气、消食开胃，而包心菜可改善内热引起的不适。将柳橙与包心菜一起榨汁饮用更加有利于肠道的消化吸收。

马铃薯莲藕汁

果汁热量 168.8kcal

操作方便度：★★★★☆
推荐指数：★★★☆☆

• 肠胃蠕动，告别便秘

材料

马铃薯80克，莲藕80克，蜂蜜20毫升，冰块少许。

做法

① 马铃薯及莲藕洗净，均去皮煮熟，待凉后切小块。② 将冰块、马铃薯及其他材料放入果汁机中，以高速搅打40秒钟即可。

食疗作用

莲藕含铁量较高，故对缺铁性贫血的病人颇为适宜。莲藕的含糖量不算很高，含有丰富的维生素C和食物纤维，对于肝病、便秘具有调理作用。

营养成分

膳食纤维	蛋白质	脂肪	碳水化合物
1.1g	2.9g	0.5g	35.7g

生活贴士

椰奶性温，所以不适宜肠胃不好的人过量饮用。

菠萝草莓橙汁

● 酸甜可口，解暑止渴

果汁热量 87kcal

操作方便度：★★★★☆
推荐指数：★★★★☆

蔬果搭配

菠萝……60克　草莓……50克
柳橙……50克　汽水……20毫升

料理方法

菠萝去皮，切成小块；草莓洗净，去蒂；柳橙洗净，对切后榨汁。将除汽水外的材料倒入果汁机内，以高速搅拌30秒。将果汁倒入杯中，加入汽水，拌匀即可。

TIPS 草莓是鞣酸含量丰富的植物，在体内可吸附和阻止致癌化学物质的吸收，具有防癌作用。

食疗功效

用草莓和菠萝以及柳橙制成的果汁酸甜可口，尤其适合于夏季饮用，可解暑止渴，又医食兼备。

营养成分

膳食纤维	蛋白质	脂肪	碳水化合物
0.6g	0.8g	0.3g	10.8g
维生素B_1	维生素B_2	维生素E	维生素C
0.1mg	0.1mg	0.3mg	33.5mg

营养师提醒

✓ 一定要先将菠萝切成片，用盐水或苏打水浸泡20分钟，以防止过敏。

✗ 因菠萝蛋白酶能溶解纤维蛋白和酪蛋白，故一次不可饮用过多。

柳橙菠萝椰奶

● 香浓顺滑，减肥塑形

果汁热量 61.7kcal

操作方便度：★★★★☆
推荐指数：★★★★☆

蔬果搭配

柳橙……50克　柠檬……30克
菠萝……60克　椰奶……35毫升

料理方法

柳橙、柠檬洗净，对切后榨汁；菠萝去皮，切块。将碎冰除外的其他材料放入果汁机内，高速搅打30秒，再倒入杯中加入碎冰即可。

食疗功效

中医认为：椰子有生津止渴、祛风湿的功效，常用于清肺胃热、润肠、平肝火。椰子肉中含有多种微量元素和多糖体，营养丰富，常榨汁用。椰子油外用还可治疗皮肤病。

营养成分

膳食纤维	蛋白质	脂肪	碳水化合物
0.7g	0.9g	0.4g	9.2g
维生素B_1	维生素B_2	维生素E	维生素C
0.1mg	0.1mg	0.3mg	34.4mg

营养师提醒

✓ 椰子可供制罐头、椰干、糕饼等食品，用途广泛。每天喝三次椰子制品，可以治肌肤水肿。

✗ 椰汁性温，肠胃不好的人不宜过量饮用。

TIPS 柠檬切开后最好在12小时内食用，以避免和空气接触太久，使其营养成分变质。

甜椒蔬果饮品

果汁热量 136.7kcal

操作方便度：★★★★☆
推荐指数：★★★☆☆

• 促进消化，消炎利尿

蔬果搭配

苹果…………150克
菠萝…………50克
甜椒…………10克
草莓…………60克
西芹…………100克

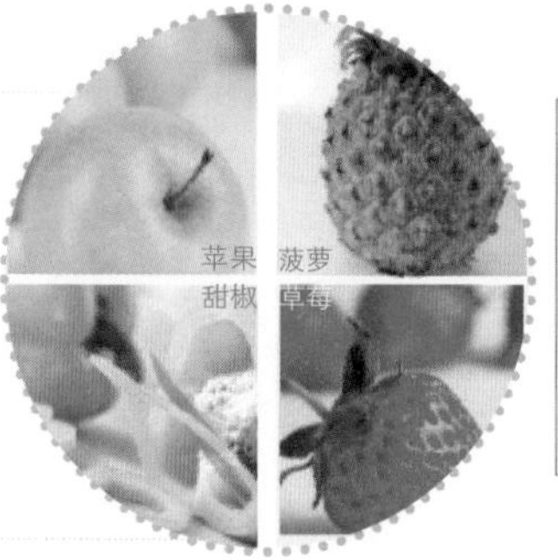

营养成分

膳食纤维	蛋白质	脂肪	碳水化合物
3g	1.7g	0.8g	30.6g
维生素B_1	维生素B_2	维生素E	维生素C
0.1mg	0.1mg	2.6mg	58.2mg

食疗功效

此饮品具有护肤、防癌、抗老、利尿、助消化、预防感冒的功效。

料理方法

① 将苹果洗净，削皮，去核后切块。
② 将甜椒、西芹、草莓洗净，切块备用。
③ 将所有的材料及冷开水一起放入榨汁机内榨成汁即可。

甜椒档案

产地	性味	归经	保健作用
河北、河南	性热，味辛	心、脾经	开胃消食

成熟周期：

当年：10月 结果、11月 结果

1月 2月 3月 4月 5月 6月 7月 8月 9月 10月 11月 12月

次年

挑选甜椒小窍门

挑选甜椒时要注意其颜色是否鲜艳、自然，其品质要求大小均匀，果皮坚实，肉厚质细，脆嫩新鲜，不裂口，无虫咬、斑点、不软、不烂等。

芒果飘雪凉饮

果汁热量 32kcal

操作方便度：★★★★☆

推荐指数：★★★★★

• 甘甜爽口，健身美体

蔬果搭配

芒果…………150克

冷开水………100克

冰块…………120克

冰糖…………5克

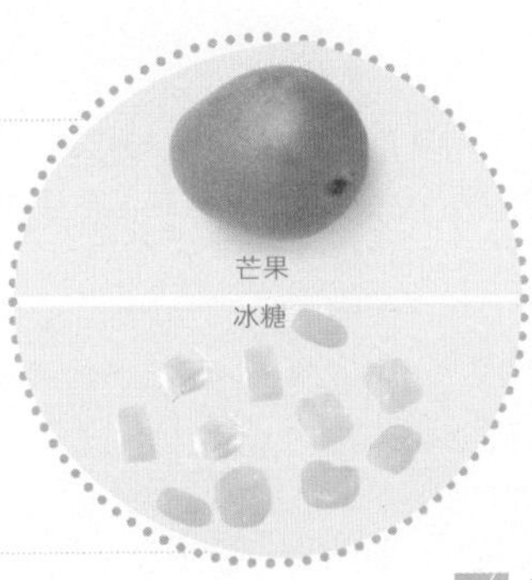

营养成分

膳食纤维	蛋白质	脂肪	碳水化合物
1.3g	0.6g	0.2g	7g
维生素B_1	维生素B_2	维生素E	维生素C
0.1mg	0.1mg	1.2mg	23mg

食疗功效

用芒果榨汁饮用可生津止渴，还能治疗胃热烦渴等症。芒果对促进肠道蠕动，增强肠胃功能，帮助消化有一定的作用。

料理方法

① 将芒果去皮、去核，备用。

② 将冰块、芒果肉放入搅拌器中。

③ 加入冰糖和开水后一起搅拌成雪状即可。

芒果档案

产地	性味	归经	保健作用
海南、福建	性凉，味甘、酸	肺、脾、胃经	益胃止呕、利尿解渴

成熟周期：当年 5月、8月、9月结果（当年 / 次年）

巧切芒果

芒果洗净不去皮，以核为中心部分，左右切两刀，分成三份。两边的是肉最多的部位，然后用刀尖切划纵线，再切划横线，只要把肉划开就好，这样切完用手在底部中间向上顶一下，就可以看见漂亮的开着花的芒果果肉了。

草莓柠檬梨汁

果汁热量 55kcal

操作方便度：★★★★☆
推荐指数：★★★★★

• 美容瘦身，缓解胃病

营养成分

膳食纤维	蛋白质	脂肪	碳水化合物
1.6g	0.8g	0.1g	5.2g

◎ 材料

草莓20克，梨子150克，柠檬30克，冰块适量。

◎ 做法

① 将草莓洗干净，去掉蒂；梨子削去皮、去核，切成大小适量的块。② 将准备好的草莓、梨子倒入榨汁机内榨成汁。③ 加入敲碎了的冰块和柠檬，搅拌均匀即可。

◎ 食疗作用

这道蔬果汁有美容瘦身的功效，还可以改善胃肠疾病。

绿茶优酪乳

果汁热量 113.9kcal

操作方便度：★★★★☆
推荐指数：★★★★☆

• 清洁血液，预防肥胖

◎ 材料

绿茶粉5克，苹果150克，酸奶200毫升。

◎ 做法

① 将苹果洗干净，去掉皮，切成小块，放入果汁机内搅打成汁。② 放入绿茶粉、酸奶搅拌均匀即可。

◎ 食疗作用

绿茶含有茶氨酸、儿茶素，可改善血液循环，预防肥胖、中风和心脏病。如果同时或在食后饮用绿茶，可软化血管。绿茶粉可阻碍糖类吸收，有利于纤体美容。

营养成分

膳食纤维	蛋白质	脂肪	碳水化合物
0.7g	3.3g	3.2g	17.8g

西红柿海带饮品

48.5kcal

操作方便度：★★★★☆
推荐指数：★★★★★

• 清理肠道，防治肠癌

营养成分

膳食纤维	蛋白质	脂肪	碳水化合物
1.4g	2.4g	0.6g	8.6g

材料

西红柿200克，海带（泡软）50克，柠檬20克，果糖20克

做法

① 海带切成片，西红柿切成块；柠檬切片。② 上述材料放入果汁机中搅打2分钟，滤其果菜渣。③ 将汁倒入杯中加入果糖即可。

食疗作用

常吃海带，对头发的生长、滋润、乌亮都具有特殊功效。另外，海带含钙量高，经流行病学调查发现，吃含钙丰富的食物，大肠癌的发病率明显降低。

哈密瓜柳橙汁

果汁热量 76.5kcal

操作方便度：★★★★☆
推荐指数：★★★★☆

• 清热解燥，有利小便

材料

哈密瓜40克，柳橙15克，鲜奶90毫升，蜂蜜8毫升，碎冰适量。

做法

① 哈密瓜洗净，去皮、去籽，切小块。② 柳橙洗净，对半切开后榨汁。③ 碎冰除外的其他材料放入榨汁机内以高速搅打30秒，再倒入杯中即可。

食疗作用

此饮中的哈密瓜可预防贫血和白内障、防癌，有利小便、止渴、清热解燥，能治疗发烧、中暑、口鼻生疮等。柳橙有生津止渴、消食开胃，降低胆固醇和血脂，改善肤质等功效。

营养成分

膳食纤维	蛋白质	脂肪	碳水化合物
0.4g	2g	2g	13.8g

防止水肿：瘦，并健康着

生活贴士

小黄瓜蜂蜜饮中添加了木瓜这一原料，虽然木瓜很有营养，但是其中的番木瓜碱对人体有小毒，因此每次不要进食过多，过敏体质者更要慎食。

冬瓜苹果蜜汁

● 清热解暑，消肿圣品

果汁热量 66.6kcal

操作方便度：★★★★☆
推荐指数：★★★★★

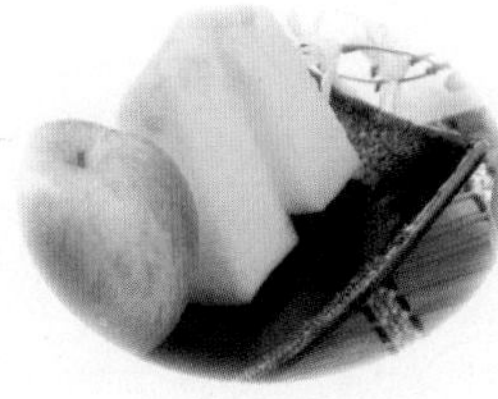

蔬果搭配

冬瓜……150克　　苹果……80克
柠檬……30克　　冰糖……少许
冷开水……240毫升

料理方法

冬瓜去皮、去籽，切成小块。苹果带皮去核，切成小块，柠檬洗净，切片。将所有材料放入果汁机内，搅打2分钟即可。

TIPS 此饮能促进人体新陈代谢、去脂减肥，适合于想要瘦身纤体的人饮用。

食疗功效

冬瓜具有良好的清热解暑功效，利尿，可使人免生疔疮，因冬瓜中含钠量较低，是慢性肾炎水肿、营养不良性水肿、孕妇水肿的消肿圣品。冬瓜还具有抗衰老的作用，久食可保持皮肤洁白如玉，润泽光滑，并可保持形体健美。

营养成分

膳食纤维	蛋白质	脂肪	碳水化合物
1.9g	0.6g	0.5g	16.4g
维生素B_1	维生素B_2	维生素E	维生素C
0.1mg	0.2mg	1.4mg	38mg

营养师提醒

✓ 冬瓜具有良好的烹调性，采用任何烹饪方式均可。

✗ 冬瓜性寒，故久病者与阴虚火旺者宜少食。

小黄瓜蜂蜜饮

● 紧致肌肤，瘦身抗衰

果汁热量 46kcal

操作方便度：★★★★★
推荐指数：★★★★★

蔬果搭配

小黄瓜……150克　　木瓜……200克
蜂蜜……适量　　水……适量

料理方法

用水洗净黄瓜、木瓜。将它们的皮除去，去瓤，切片。将木瓜放入煲中，加适量水。煲滚后改用中火煲30分钟。把黄瓜放入榨汁机中榨汁，与木瓜水混合，最后在杯中放入蜂蜜调味即可。

食疗功效

黄瓜具有利尿消肿的作用。蜂蜜是皮肤的滋生剂，可增加表皮细胞的活性，使皮肤保持红润、白嫩，并消除和减少皱纹，防止皮肤衰老。

营养成分

膳食纤维	蛋白质	脂肪	碳水化合物
0.5g	0.8g	0.2g	10.2g
维生素B_1	维生素B_2	维生素E	维生素C
0.1mg	0.1mg	0.5mg	9mg

营养师提醒

✓ 蜂蜜营养丰富，可常食。

✗ 木瓜中的番木瓜碱，对人体有小毒，每次食量不宜过多，过敏体质者应慎食。

TIPS 木瓜味甘，性平，微寒，能助消化、健脾胃、润肺、止咳、消暑解渴。

苹果西芹芦笋汁

果汁热量 82.5kcal

操作方便度：★★★★☆

推荐指数：★★★☆☆

• 利水消肿，护肝防癌

蔬果搭配

苹果…………80克

西芹…………50克

青椒…………30克

芦笋…………50克

苦瓜…………100克

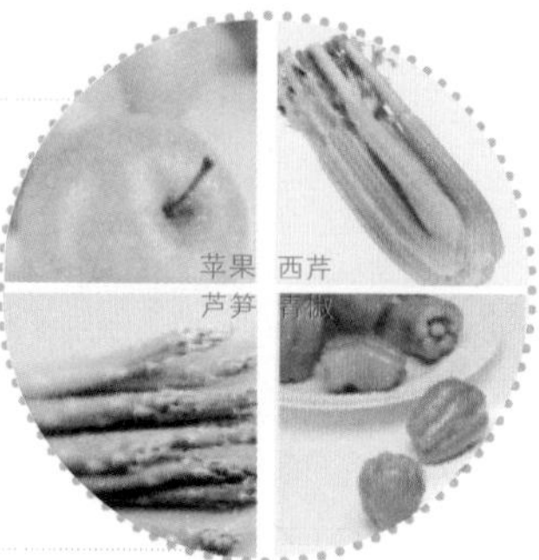

营养成分

膳食纤维	蛋白质	脂肪	碳水化合物
4.6g	1.7g	0.5g	17.8g
维生素B_1	维生素B_2	维生素E	维生素C
0.1mg	0.1mg	2.5mg	82.5mg

食疗功效

经常食用芦笋对心血管疾病、肾炎、胆结石、肝功能障碍和肥胖均有疗效。本饮品结合了多种蔬果的优点，能够有效排除体内毒素，达到健康减肥的目的。

料理方法

① 将苹果去皮、去籽，切块。

② 西芹、青椒、苦瓜、芦笋洗净后切块。

③ 所有材料都放入榨汁机榨成汁即可。

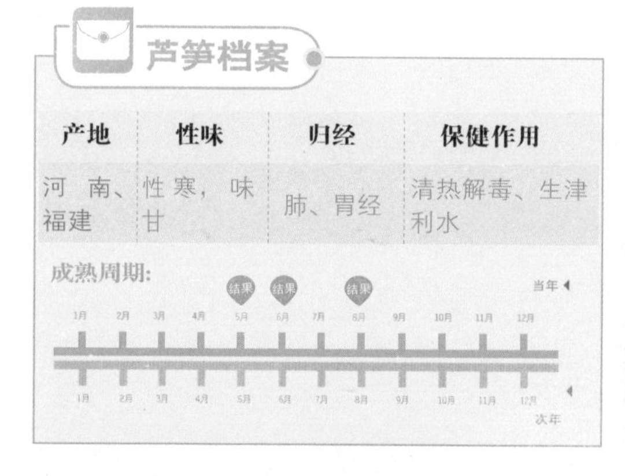

芦笋档案

产地	性味	归经	保健作用
河南、福建	性寒，味甘	肺、胃经	清热解毒、生津利水

挑选芦笋小窍门

选购芦笋，以形状正直、笋尖花苞紧密，没有水伤腐臭味为标准，同时还要注意表皮鲜亮不萎缩。用手折之，很容易被折断的最好。

西红柿优酪乳

果汁热量 181kcal

操作方便度：★★★★☆
推荐指数：★★★☆☆

- 纤体美容，促进代谢

蔬果搭配

西红柿………100克
酸奶…………300克

营养成分

膳食纤维	蛋白质	脂肪	碳水化合物
0.8g	9.8g	8.9g	20.5g
维生素B_1	维生素B_2	维生素E	维生素C
0.1mg	0.2mg	0.8mg	11mg

食疗功效

西红柿可生津止渴、健胃消食，加上酸奶，能帮助肠胃蠕动，代谢体内脂肪，对于美容、纤体都有很好的效果。常吃西红柿可使皮肤细滑白皙，但风湿病及皮肤病患者应少吃为妙，以免旧病复发。

料理方法

① 将西红柿洗干净，去掉蒂，切成小块。

② 将切好的西红柿和酸奶一起放入搅拌机内，搅拌均匀即可。

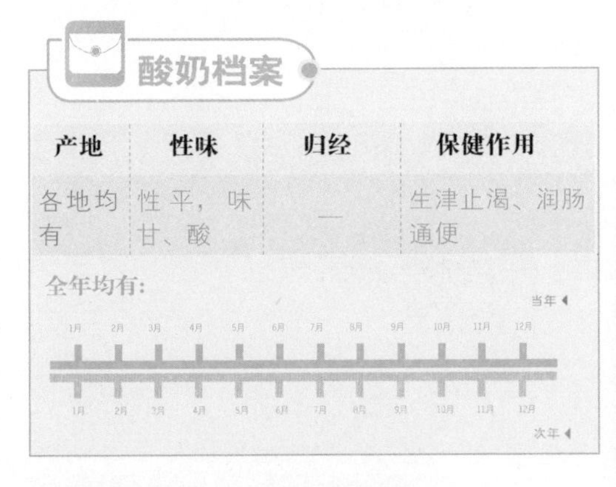

酸奶档案

产地	性味	归经	保健作用
各地均有	性平，味甘、酸	—	生津止渴、润肠通便

全年均有：

饮用酸奶小窍门

在饮用酸奶的时候，我们一直有一个误区，就是酸奶到底能否加热饮用。很多人认为加热后的酸奶失去了它本有的营养成分，其实则不然，据研究发现，酸奶加热到40度左右时，其营养成分会被最大限度地发挥出来，所以尤其在冬季，我们最好将酸奶加热了喝。

姜香冬瓜蜜露

果汁热量 71kcal

操作方便度：★★★★☆
推荐指数：★★★★☆

• 通利小便，祛除水肿

材料

冬瓜100克，姜片50克，冷开水300毫升，蜂蜜10克。

做法

① 将冬瓜洗净，去皮切成小块。② 将切好的冬瓜放入果汁机内，加入冷开水、姜片搅打成汁。③ 最后加入蜂蜜搅拌即可。

食疗作用

这道蔬果汁具有利尿消水肿的功效。

营养成分

膳食纤维	蛋白质	脂肪	碳水化合物
1.8g	1g	1g	15g

苹果菠萝果汁

果汁热量 78kcal

操作方便度：★★★★☆
推荐指数：★★★★☆

• 降低血压，防止水肿

材料

菠萝50克，苹果80克。

做法

① 将菠萝去皮，切成小块，用磨泥机磨成泥状。② 苹果洗净，去皮、去籽，磨成泥状。③ 将菠萝、苹果过滤，去渣取汁，加入少许冷开水混合均匀即可。

食疗作用

此蔬果汁具有降低胆固醇、降血压、利尿、防止水肿的功效。

营养成分

膳食纤维	蛋白质	脂肪	碳水化合物
0.7g	0.4g	0.5g	17.7g

香菇葡萄蜜汁

果汁热量 56.8kcal

操作方便度：★★★★☆
推荐指数：★★★★★

• 利尿消肿，预防癌症

◎ 材料

干香菇10克，葡萄120克，蜂蜜10毫升。

◎ 做法

① 香菇洗净，用温水泡软备用。② 葡萄洗净，与香菇混合放入果汁机中搅打成汁，倒入杯中。③ 最后调入蜂蜜拌匀即可。

◎ 食疗作用

此饮有助于利尿、消除水肿。要注意吃完葡萄后不能立即喝水，否则很快就会腹泻。腹泻不是细菌引起的，泻完后会自愈。

营养成分

膳食纤维	蛋白质	脂肪	碳水化合物
5.4g	2.4g	0.8g	11g

西瓜香蕉蜜汁

果汁热量 219.8kcal

操作方便度：★★★☆☆
推荐指数：★★★☆☆

• 利尿泄水，补体健身

◎ 材料

西瓜瓤70克，香蕉50克，菠萝70克，苹果30克，蜂蜜30克，碎冰60克。

◎ 做法

① 菠萝去皮，切块；柠檬、苹果洗净，去皮、去籽，切成小块备用。② 香蕉去皮后切成小块。③ 将碎冰、西瓜块及其他材料放入果汁机，以高速搅打30秒即可。

◎ 食疗作用

西瓜含有大量水分，又含有磷酸、苹果酸、维生素与多种矿物质，本品几种蔬果结合具有强效的利尿作用。

营养成分

膳食纤维	蛋白质	脂肪	碳水化合物
1.3g	1.6g	1.1g	52.2g

生活贴士
在饮用牛蒡活力饮期间，尽量要少吃鸡肉，以免引起肠胃不适。
蔬菜
精力汁
牛蒡
活力饮

牛蒡活力饮

● 清热解毒，利水消肿

果汁热量 90kcal

操作方便度：★★★★☆
推荐指数：★★★★☆

蔬果搭配

牛蒡……200克　　芹菜……200克
蜂蜜……15克　　冷开水……200毫升

料理方法

芹菜洗净，切段；牛蒡洗净，去皮，切块。将准备好的材料与冷开水一起榨成汁，加入蜂蜜即可。

TIPS 芹菜中的粗纤维，对因便秘引起的肥胖有很好的功效。

食疗功效

牛蒡营养丰富，是蔬菜中的珍品，其根、茎、果实均可入药，有清热解毒，降低胆固醇，增强人体免疫力和预防糖尿病、便秘、高血压的功效。牛蒡种子主治外感咳嗽、肺炎、咽喉肿痛等病症。

营养成分

膳食纤维	蛋白质	脂肪	碳水化合物
2.4g	5.3g	0.1g	6.2g
维生素B_1	维生素B_2	维生素E	维生素C
0.1mg	0.1mg	0.2mg	7.9mg

营养师提醒

✓ 牛蒡肉质细嫩香脆，既可煮食亦可烧、炒、腌、酱、做汤、沏茶、制汁等。此外，用牛蒡叶捣汁搽涂，可治各种痈疥疮疖。

✗ 尽量不要在吃鸡肉的时候饮用本品。

蔬菜精力汁

● 燃烧脂肪，降压利尿

果汁热量 48kcal

操作方便度：★★★★☆
推荐指数：★★★★★

蔬果搭配

芦笋……50克　　香 菜……10克
洋葱……15克　　红糖……15克

料理方法

芦笋切丁，放入开水中煮熟，捞起，沥干。香菜洗净切段；洋葱洗净切小丁。将芦笋、香菜、洋葱和红糖倒入果汁机内加水350毫升，搅打成汁即可。

食疗功效

芦笋所含的天门冬素可以提高肾脏细胞的活性，其中的钾与皂角苷有利尿的作用，适用于体重超标的高血压患者。芦笋粉末通常被作为利尿剂或药茶服用，是燃烧脂肪的理想食品。芦笋几乎对所有的癌症都有一定的疗效。

营养成分

膳食纤维	蛋白质	脂肪	碳水化合物
1g	0.9g	0.1g	2.7g
维生素B_1	维生素B_2	维生素E	维生素C
0.1mg	0.1mg	—	29mg

营养师提醒

✓ 芦笋质嫩可口，应避免高温烹煮，以免破坏其中的叶酸，应低温避光保存。

✗ 患痛风和糖尿病的病人不宜多食。

TIPS 芦笋属碱性蔬菜，不仅有丰富的纤维质，维生素A、C、E及蛋白质都很丰富。

凤柳蛋蜜奶

果汁热量 123.3kcal

操作方便度：★★★☆☆
推荐指数：★★★★☆

• 利尿消炎，预防水肿

蔬果搭配

菠萝…………100克
柳橙…………80克
柠檬…………15克
鲜奶…………90毫升
蛋黄…………1个

柳橙 菠萝
柠檬 鲜奶

营养成分

膳食纤维	蛋白质	脂肪	碳水化合物
0.9g	2.5g	2.7g	21.4g
维生素B_1	维生素B_2	维生素E	维生素C
0.1mg	0.1mg	0.4mg	55.6mg

食疗功效

蛋黄有清热、解毒、消炎的作用，可用于治疗食物以及药物中毒、咽喉肿痛、慢性中耳炎等疾病。本饮品能够消除体内毒素、利尿消肿。

料理方法

① 菠萝去皮切块，压成汁。
② 柳橙、柠檬洗净，压汁。
③将菠萝汁、柳橙汁、柠檬汁及其他材料都倒入搅拌杯中，盖紧盖子摇动10~20下后，再倒入杯中即可。

牛奶档案

产地	性味	归经	保健作用
各地均有	性平，味甘	心、脾、肺、胃经	生津润肠、补益身体

全年均有：

结果 5月、6月、8月

当年：1月 2月 3月 4月 5月 6月 7月 8月 9月 10月 11月 12月

次年：1月 2月 3月 4月 5月 6月 7月 8月 9月 10月 11月 12月

挑选牛奶小窍门

根据含脂量的不同，牛奶分为全脂、部分脱脂、脱脂三类。一般低脂或脱脂牛奶特别适合需限制或减少饱和脂肪摄入量的成年人饮用，可降低罹患心脏病的风险。不过，2 岁之下婴儿脑部的发育需要额外脂肪，应该喝全脂牛奶。

木瓜哈密汁

• 促进排便，利尿消肿

果汁热量 87.8kcal

操作方便度：★★★☆☆
推荐指数：★★★★☆

蔬果搭配

木瓜…………200克
哈密瓜………20克
鲜奶…………90毫升
碎冰…………60克

营养成分

膳食纤维	蛋白质	脂肪	碳水化合物
1.7g	2.4g	2.1g	15.9g
维生素B_1	维生素B_2	维生素E	维生素C
0.1mg	0.1mg	0.7mg	107mg

食疗功效

木瓜可改善便秘和肠胃不适，哈密瓜铁质含量高，还有利尿功效，常饮此汁能消水肿，且对造血功能还有显著的促进作用。

料理方法

① 木瓜、哈密瓜洗净，去皮、去籽，切成小块。

② 碎冰、木瓜及其他材料放入果汁机内，以高速搅打30秒即可。

哈密瓜档案

产地	性味	归经	保健作用
新疆	性寒，味甘	肺、胃经	通便益气、清肺止咳

成熟周期：

当年：1月 2月 3月 4月 5月 6月 7月（结果） 8月 9月 10月（结果） 11月（结果） 12月

次年：1月 2月 3月 4月 5月 6月 7月 8月 9月 10月 11月 12月

挑选哈密瓜小窍门

挑哈密瓜主要看瓜身上的纹，纹粗且密的，一般都很甜；再来是看瓜的形状及重量，瓜身呈椭圆形较理想，另外如果瓜比较轻说明是空囊的。

西红柿芹菜果汁

• 降压抗癌，消食利尿

果汁热量 82.5kcal

操作方便度：★★★☆☆
推荐指数：★★★★☆

营养成分

膳食纤维	蛋白质	脂肪	碳水化合物
3g	4.4g	1.4g	22.8g

◎ 材料

西红柿400克，芹菜200克，柠檬50克，冰糖少许，冷开水240毫升。

◎ 做法

① 西红柿洗净，切成丁。② 芹菜洗净，切成小段；柠檬洗净，切片。③ 将所有的材料放入果汁机内搅打2分钟即可。

◎ 食疗作用

此饮具有抗癌作用，有清热、消食、生津、利尿等功效。

菠萝芹菜蜜汁

• 排毒利尿，调节肠胃

果汁热量 126.3kcal

操作方便度：★★★☆☆
推荐指数：★★★★☆

◎ 材料

菠萝150克，柠檬50克，芹菜100克，蜂蜜15克，冷开水60毫升，冰块70克。

◎ 做法

① 菠萝去皮，切块，柠檬洗净，对切后取一半压汁。② 芹菜去叶，洗净，切小段。③ 把冰块及所有材料放入果汁机内，以高速搅打40秒即可。

◎ 食疗作用

有排便、利尿的作用，对于排出体内的毒素有相当好的作用。

营养成分

膳食纤维	蛋白质	脂肪	碳水化合物
1.6g	1.4g	0.6g	26.7g

小黄瓜苹果汁

操作方便度：★★★★☆
推荐指数：★★★★★

• 清理肠道，缓解水肿

营养成分

膳食纤维	蛋白质	脂肪	碳水化合物
0.5g	0.5g	0.3g	8g

◎ 材料

小黄瓜200克，苹果80克，柠檬20克，冷开水240毫升。

◎ 做法

① 小黄瓜洗净，切成丁。② 苹果洗净，去籽、去核，再切成丁。③ 将所有材料放入果汁机内，搅打2分钟即可。

◎ 食疗作用

此饮具有利尿的作用，可以清理肠道，有助于防止水肿。

苹果优酪蜜乳

果汁热量 166.7kcal

操作方便度：★★★★☆
推荐指数：★★★☆☆

• 减肥降压，补充营养

◎ 材料

苹果150克，原味酸奶60毫升，蜂蜜30克，冷开水80毫升，碎冰100克。

◎ 做法

① 苹果洗净，去皮、去籽，切成小块备用。② 碎冰、苹果及其他材料放入果汁机内，以高速搅打30秒即可。

◎ 食疗作用

此款蔬果汁有助于降低血压和减肥。

营养成分

膳食纤维	蛋白质	脂肪	碳水化合物
0.5g	1g	1.8g	38g

纤体 消脂瘦身蔬果汁

黄瓜

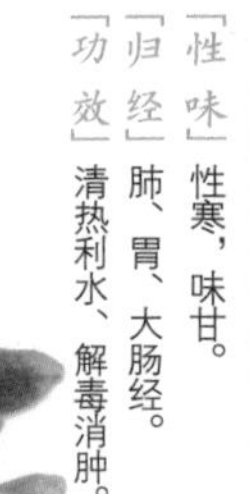

「性味」性寒，味甘。
「归经」肺、胃、大肠经。
「功效」清热利水、解毒消肿。

黄瓜水果汁

「功效」此饮含丰富的B族维生素，可防止口角炎、唇炎，还能润滑皮肤，保持苗条身材。

88页

小黄瓜苹果汁

「功效」此饮具有利尿的作用，可以清理肠道，有助于防止水肿。

129页

蛋黄

「性味」味甘。
「归经」心、肾经。
「功效」滋阴润燥、安神养心。

凤柳蛋蜜奶

「功效」蛋黄有清热、解毒、消炎的作用，可用于治疗食物以及药物中毒、咽喉肿痛、慢性中耳炎等疾病。

126页

李子蛋蜜奶

「功效」李子含丰富的苹果酸、柠檬酸等，可止渴、消水肿、利尿。经常饮用这道蔬果汁有助于美容瘦身。

96页

木瓜

「性味」性平、微寒，味甘。
「归经」肝、脾经。
「功效」润肺止咳、消暑解渴。

麦片木瓜奶昔

「功效」经常饮用具有平肝和胃、舒筋活络、软化血管、抗菌消炎、抗衰养颜、抗癌防癌的效果。

90页

木瓜哈密瓜汁

「功效」常饮此汁能消水肿，且对造血功能还有显著的促进作用。

127页

冬瓜

「性味」性凉，味甘。
「归经」肺、大肠、小肠、膀胱经。
「功效」清热解毒、除烦止渴。

姜香冬瓜蜜露

「功效」这道蔬果汁具有利尿、消水肿的功效。

122页

冬瓜苹果蜜汁

「功效」本品具有抗衰老的作用，久食可保持皮肤洁白如玉，润泽光滑，并可保持形体健美。

119页

西红柿

「性　味」性微寒，味甘、酸。
「归　经」肝、胃、肺经。
「功　效」生津止渴、清热解毒。

西红柿牛奶蜜

「功　效」本品具有抗氧化功能，能防癌，且可对动脉硬化患者产生很好的作用。

89页

西红柿优酪乳

「功　效」本品可生津止渴、健胃消食，促进体内脂肪代谢，对于美容、纤体都有很好的效果。

121页

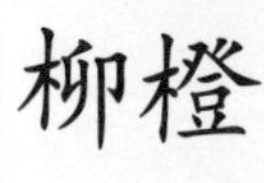

柳橙

「性　味」性凉，味酸、甘。
「归　经」肺经。
「功　效」生津止渴、开胃下气。

草莓柳橙蜜汁

「功　效」本品能改善皮肤干燥、美白消脂、润肤丰胸，是纤体佳品之一。

91页

柳橙蔬菜果汁

「功　效」将柳橙与包心菜一起榨汁饮用有利于肠道的消化吸收功能。

111页

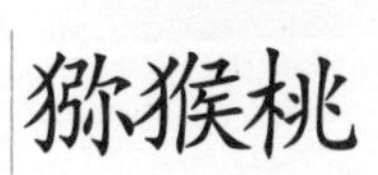

猕猴桃

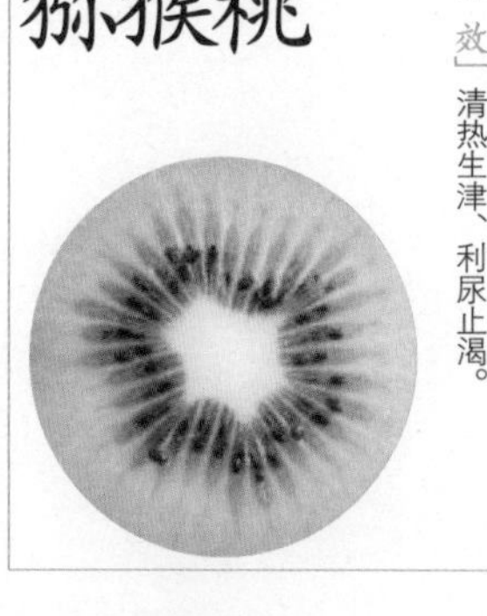

「性　味」性寒，味甘、酸。
「归　经」脾、胃经。
「功　效」清热生津、利尿止渴。

猕猴桃柳橙汁

「功　效」此饮有解热、止渴之功效，能改善食欲不振、消化不良，还可以抑制致癌物质的产生。

110页

猕猴桃葡萄汁

「功　效」本品有预防癌症、调节肠胃功能，又可用于抗衰老。

107页

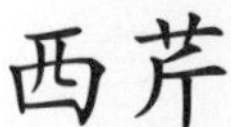

西芹

「性　味」性凉，味甘、辛。
「归　经」肺、脾、胃经。
「功　效」通利小便、清热平肝。

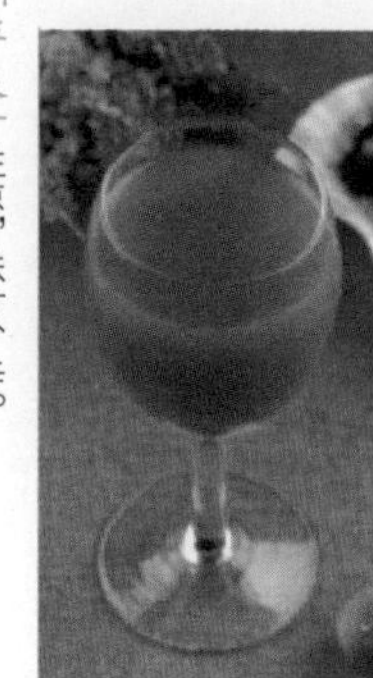

葡萄西芹果汁

「功　效」此蔬果汁含有丰富的膳食纤维，加上乳酸菌可以使腹部清爽，还具有消除疲劳的功效。

100页

西红柿鲜蔬果汁

「功　效」此饮能有效调节肠道，促进健康减肥。

109页

第三章・补体 食疗保健蔬果汁

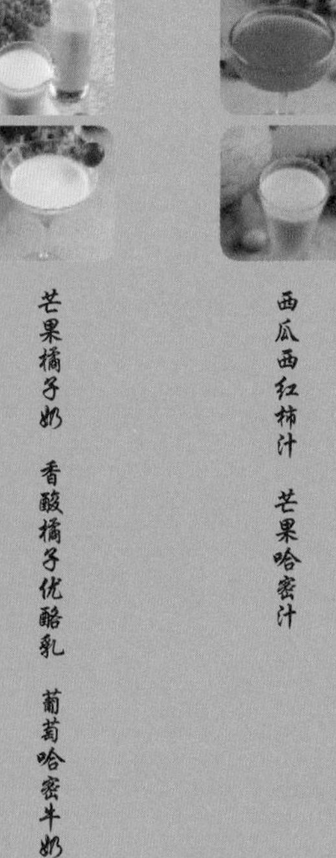

西瓜西红柿汁　芒果哈密汁

芒果橘子奶　香酸橘子优酪乳　葡萄哈密牛奶

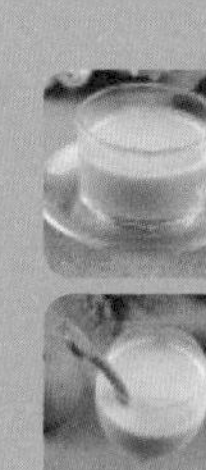

草莓葡萄汁　胡萝卜橘子奶昔

草萝桑葚蜜汁　西红柿胡萝卜汁　芒果哈密牛奶

瘦要瘦得活力四射

减肥会经常让你感到虚弱疲倦、食欲不佳、贫血感冒吗？活力十足蔬果汁让你元气满满，不仅瘦了，而且要瘦得活力四射哦！

瘦要瘦得美丽健康

瘦不是美的代名词，瘦要瘦得健康美丽。保健养身蔬果汁是你的最佳伙伴。

瘦要瘦得青春永驻

希望延缓衰老、预防癌症吗？防癌抗老蔬果汁让你青春永驻、容颜不老！

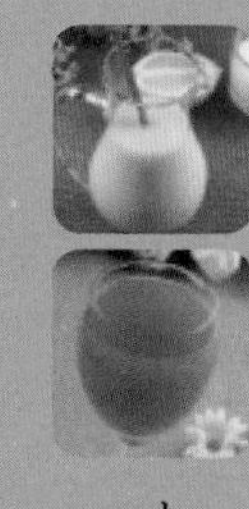

火龙果降压果汁　草莓双笋汁

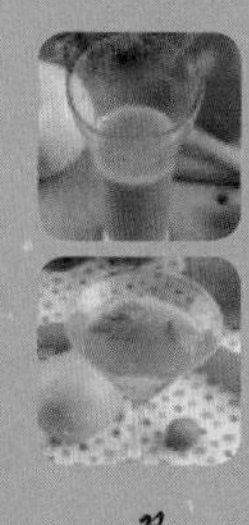

双果双菜优酪乳　西芹苹果蜜汁

苹萝桑葚蜜汁

果汁热量 90.5kcal

操作方便度：★★★☆☆
推荐指数：★★★★☆

• 增强体力，改善视力

蔬果搭配

苹果…………150克
胡萝卜………80克
柠檬…………30克
桑葚…………30毫升
蜂蜜…………10克

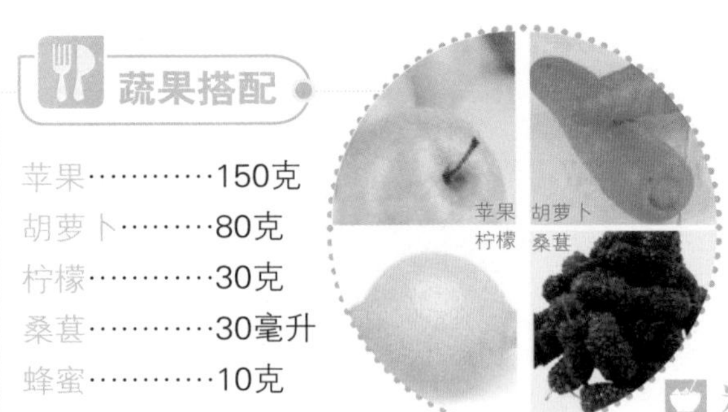

营养成分

膳食纤维	蛋白质	脂肪	碳水化合物
2.4g	1.4g	0.7g	23.6g
维生素B_1	维生素B_2	维生素E	维生素C
0.1mg	0.1mg	4mg	13.6mg

料理方法

①苹果洗净，去皮，切成小块。柠檬切块。
②胡萝卜洗净，去皮，切成大小适当的块；另外桑葚也要清洗干净。
③将除蜂蜜以外的材料放入果汁机内搅打成汁，最后加蜂蜜拌匀即可。

食疗功效

苹果和胡萝卜都富含维生素A、柠檬酸、苹果酸，可以改善视力，增强抵抗力。

桑葚档案

产地	性味	归经	保健作用
新疆	性微寒，味甘、酸	心、肝、肾经	生津止渴、润肠通便

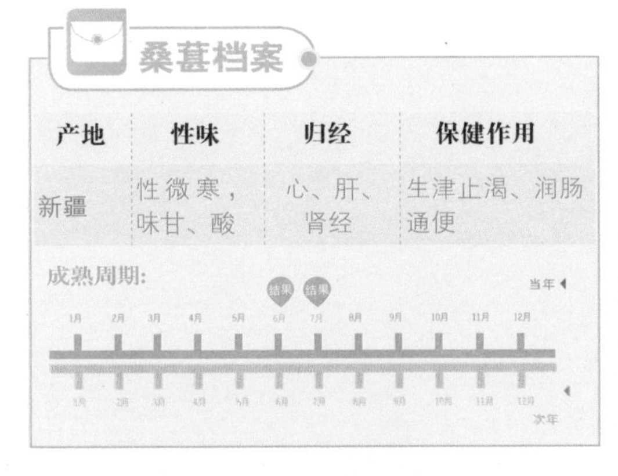

选购桑葚小窍门

选择颗粒比较饱满、厚实，没有出水，比较坚挺的。如果桑葚颜色比较深，味道比较甜，而里面比较生，有可能是经过染色的。

西红柿胡萝卜汁

果汁热量 65kcal

操作方便度：★★★★☆
推荐指数：★★★★☆

- 缓解过敏，美化肌肤

胡萝卜………80克
西红柿………80克
山竹…………50克
蜂蜜…………10克

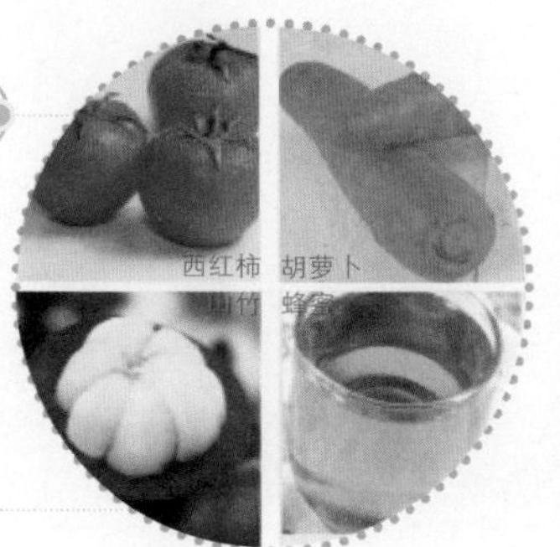

营养成分

膳食纤维	蛋白质	脂肪	碳水化合物
1.6g	1g	0.5g	23g
维生素B_1	维生素B_2	维生素E	维生素C
0.1mg	0.1mg	0.6mg	10.6mg

食疗功效

这款蔬果汁富含维生素A、C，可以改善过敏体质，并可以塑形美容、缓解疲劳。

料理方法

① 先将西红柿洗净，切成小块备用。

② 山竹去皮。

③ 胡萝卜也洗净，去皮，切成小块。

④ 将西红柿与胡萝卜、山竹放入果汁机内搅打成汁，再加入蜂蜜拌匀即可。

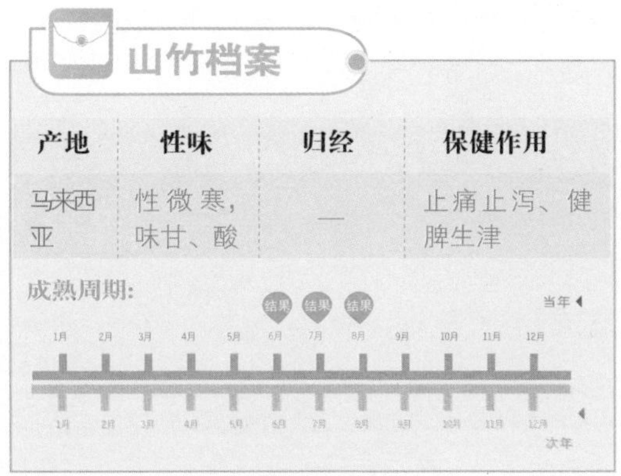

山竹档案

产地	性味	归经	保健作用
马来西亚	性微寒，味甘、酸	—	止痛止泻、健脾生津

挑选山竹小窍门

选时应该挑中等偏小的，用拇指和食指轻捏能将果壳捏出浅指印，表示已经成熟，如果外壳硬得像石头一样，大多都不能吃了。

芒果哈密牛奶

果汁热量 154kcal

操作方便度：★★★★☆
推荐指数：★★★★☆

• 舒适双眼，减肥健身

蔬果搭配

芒果…………100克
哈密瓜………200克
牛奶…………200克

营养成分

膳食纤维	蛋白质	脂肪	碳水化合物
1.7g	4.6g	3.3g	26.5g
维生素B_1	维生素B_2	维生素E	维生素C
0.1mg	0.2mg	1.8mg	94mg

食疗功效

这道饮品富含维生素A，可以舒缓眼部疲劳，改善视力。

料理方法

① 将芒果去掉外皮，切成可放入果汁机大小的块，备用。

② 将哈密瓜去掉皮和籽，切碎，备用。

③ 将芒果、哈密瓜、牛奶都放入果汁机内搅打成汁即可。

芒果档案

产地	性味	归经	保健作用
海南、福建	性凉，味甘、酸	肺、脾、胃经	益胃止呕、利尿解渴

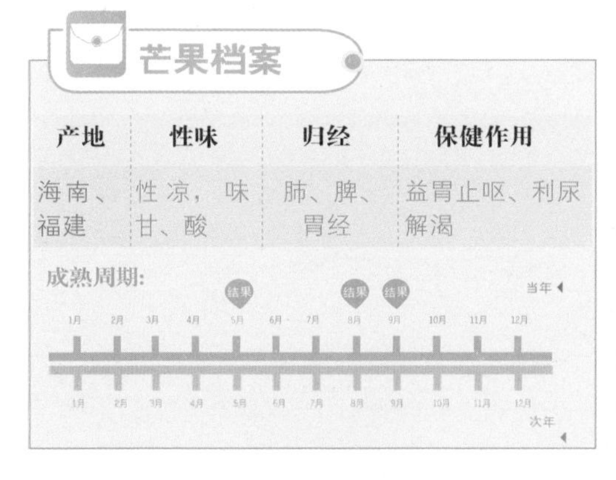

挑选芒果小窍门

挑果尖部圆润突出，果把凹陷的芒果，这样的会比较香甜。

草莓葡萄汁

果汁热量 99kcal

操作方便度：★★★★☆
推荐指数：★★★★☆

- 增强体力，促进代谢

蔬果搭配

草莓…………50克
葡萄…………40克
酸奶…………200克
蜂蜜…………10克

营养成分

膳食纤维	蛋白质	脂肪	碳水化合物
1.7g	3.5g	3.3g	14.6g
维生素B_1	维生素B_2	维生素E	维生素C
0.1mg	0.4mg	0.6mg	20.9mg

食疗功效

草莓、葡萄含丰富的维生素C，葡萄的皮与籽更具有清除自由基的功效，经常饮用此汁可以增强体力、促进新陈代谢、消除疲劳。

料理方法

① 将草莓洗干净，切成可放入果汁机大小的块，备用。

② 将葡萄洗干净，备用。

③ 将所有材料放入果汁机内搅打成汁即可。

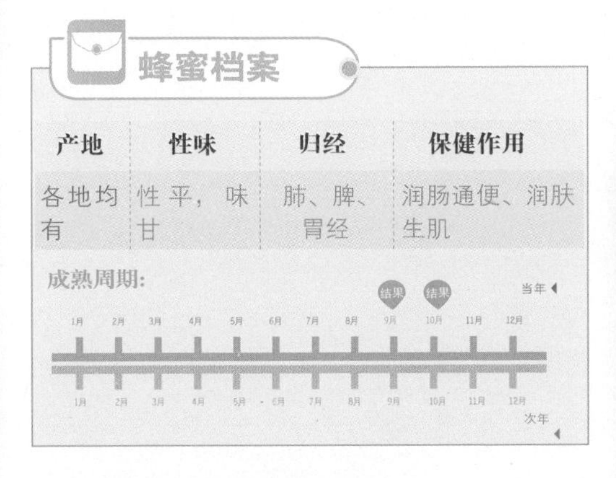

蜂蜜档案

产地	性味	归经	保健作用
各地均有	性平，味甘	肺、脾、胃经	润肠通便、润肤生肌

挑选蜂蜜小窍门

用牙签搅起一些蜂蜜向外拉，好的蜂蜜往往可以拉出又细又透亮的“黄金丝”，有的甚至可以长达1尺而不断，品质差者则不能。

胡萝卜橘子奶昔

• 营养丰富，安神镇静

果汁热量 116.4kcal

操作方便度：★★★☆☆
推荐指数：★★★★☆

营养成分

膳食纤维	蛋白质	脂肪	碳水化合物
0.9g	2.3g	1.6g	23.3g

材料

胡萝卜80克，橘子80克，鲜奶250克，柠檬30克，冰糖15克。

做法

① 将胡萝卜洗干净，去掉外皮，切成小块。② 将橘子去掉外皮、去内膜，切成小块。③ 柠檬也切成小片。④ 将所有材料倒入果汁机内一起搅打2分钟即可。

食疗作用

胡萝卜含有丰富的活力元素“维生素A”，除此之外还含有可以分解维生素C的酵素，能安定人体神经系统。

芒果橘子奶

• 消除疲劳，止渴利尿

果汁热量 161kcal

操作方便度：★★★★★
推荐指数：★★★☆☆

材料

芒果150克，橘子100克，鲜奶250毫升。

做法

① 将芒果洗干净，去外皮，切成块备用。② 将橘子去掉外皮、去籽、去内膜。③ 将所有材料一起倒入果汁机内搅打2分钟即可。

食疗作用

芒果中的维生素A及橘子中维生素C的含量在水果中都是名列前茅的，经常饮用此饮能发挥止渴利尿、消除疲劳的效用。

营养成分

膳食纤维	蛋白质	脂肪	碳水化合物
1.6g	1.4g	0.6g	26.7g

香酸橘子优酪乳

操作方便度：★★★★☆
推荐指数：★★★☆☆

• 增强体质，防癌抗癌

营养成分

膳食纤维	蛋白质	脂肪	碳水化合物
—	3g	3g	33.7g

材料

橘子200克，酸奶250毫升，冰糖15克。

做法

① 将橘子洗净，去皮、去籽、去内膜，备用。② 将橘子放入榨汁机内榨出汁。③ 最后加入酸奶和冰糖，搅拌均匀即可。

食疗作用

此饮品具有润肤清体、润肠通便的作用，经常饮用可以为人体补充所需营养。另外此饮品还具有杀死癌细胞的功效。

葡萄哈密牛奶

果汁热量 76.4kcal

操作方便度：★★★★☆
推荐指数：★★★★☆

• 补充体力，促进代谢

材料

葡萄50克，哈密瓜60克，牛奶200毫升。

做法

① 将葡萄洗干净，去掉外皮、去籽，备用。
② 将哈密瓜洗干净，去掉外皮，切成小块。
③ 将材料放入果汁机内搅打成汁即可。

食疗作用

这道饮品中含有丰富的糖类，可以迅速补充体力，促进新陈代谢，对消除疲劳很有效。

营养成分

膳食纤维	蛋白质	脂肪	碳水化合物
1g	3.5g	3.2g	8.8g

西瓜西红柿汁

果汁热量 94.9kcal

操作方便度：★★★★☆
推荐指数：★★★★☆

• 利尿祛肿，醒酒解毒

蔬果搭配

西瓜…………200克
橘子…………100克
西红柿………80克
柠檬…………30克
冷开水………200毫升

西瓜　西红柿
橘子　柠檬

营养成分

膳食纤维	蛋白质	脂肪	碳水化合物
0.9g	1.9g	0.3g	22.7g
维生素B_1	维生素B_2	维生素E	维生素C
0.1mg	0.1mg	0.8mg	28mg

食疗功效

西瓜含有丰富的苹果酸、维生素A、胡萝卜素，具有清热解毒、利尿消肿、解酒毒之效。夏天食欲不振时，清爽的西瓜汁可以补充维生素、矿物质。

料理方法

① 西瓜洗干净，削皮，去籽。
② 橘子剥皮，去籽。
③ 西红柿洗干净，切成大小适当的块；柠檬切片。
④ 将所有材料倒入果汁机内搅打2分钟即可。

西红柿档案

产地	性味	归经	保健作用
北京、河北	性微寒，味甘、酸	肝、胃、肺经	生津止渴、清热解毒

成熟周期：

当年：1月 2月 3月 4月 5月 6月（结果） 7月（结果） 8月 9月 10月 11月 12月
次年：1月 2月 3月 4月 5月 6月 7月 8月 9月 10月 11月 12月

挑选西瓜小窍门

无论哪种瓜，瓜蒂和瓜脐部位向里凹入，藤柄向下贴近瓜皮，近蒂部粗壮青绿，是成熟的标志。另外，西瓜皮表面的黄颜色越鲜艳，说明西瓜越甜。

芒果哈密汁

果汁热量 153kcal

操作方便度：★★★★☆
推荐指数：★★★☆☆

• 恢复体力，通利小便

蔬果搭配

芒果…………150克
鲜奶…………240克
哈密瓜………150克
冰糖…………10克

营养成分

膳食纤维	蛋白质	脂肪	碳水化合物
0.9g	1.9g	0.3g	22.7g
维生素B_1	维生素B_2	维生素E	维生素C
0.1mg	0.4mg	2.3mg	88mg

食疗功效

芒果、哈密瓜的维生素含量在水果中名列前茅，除了能缓解眼部疲劳，本蔬果汁还能有效地恢复身体体力。

料理方法

① 将芒果洗干净，削去外皮，去核，备用。
② 哈密瓜削掉外皮，去籽，切大丁。
③ 将所有材料放入果汁机内搅打2分钟即可。

冰糖档案

产地	性味	归经	保健作用
各地均有	性平，味甘	脾、肺经	滋阴生津、润肺止咳

成熟周期：全年均有

当年 1月 2月 3月 4月 5月 6月 7月 8月 9月 10月 11月 12月
次年 1月 2月 3月 4月 5月 6月 7月 8月 9月 10月 11月 12月

挑选冰糖小窍门

质量好的冰糖晶粒均匀，色泽清澈洁白，半透明，有结晶体光泽，味甜，无明显杂质，无异味。

彩椒柠檬果汁

果汁热量 78kcal

操作方便度：★★★★★
推荐指数：★★★★☆

• 预防贫血，补体塑身

蔬果搭配

彩椒…………100克
柠檬…………50克
冰糖…………50克

营养成分

膳食纤维	蛋白质	脂肪	碳水化合物
2g	1.5g	0.8g	16.4g
维生素B_1	维生素B_2	维生素E	维生素C
0.1mg	0.1mg	1.2mg	92mg

食疗功效

彩椒中含有丰富的维生素C，不仅可改善黑斑，还能促进血液循环。另外彩椒还含有β－胡萝卜素，与维生素C结合能对抗白内障，保护视力。经常饮用此品还可预防贫血，帮助体力恢复。

料理方法

① 将柠檬洗干净，对半切开，用榨汁机榨汁备用。

② 将彩椒也洗干净，去蒂，对半切开，去籽，切小块，榨成汁备用。

③ 最后将榨好的柠檬汁、彩椒汁与冰糖及30毫升冷水调匀即可。

彩椒档案

产地	性味	归经	保健作用
河北、河南	性热，味辛	心、脾经	开胃消食

成熟周期：

当年：1月 2月 3月 4月 5月 6月 7月 8月 9月 10月（结果） 11月（结果） 12月

次年：1月 2月 3月 4月 5月 6月 7月 8月 9月 10月 11月 12月

挑选彩椒小窍门

首先要挑选果体饱满的，约与男性的拳头大小相似，这样的果品肉质才厚，否则会很薄；然后就要看果实的颜色，鲜艳者为上；最后要看果实的蒂部，连结紧实者最好。

蜜枣黄豆牛奶

果汁热量 273kcal

操作方便度：★★★☆☆
推荐指数：★★★☆☆

• 补血养血，润泽肌肤

蔬果搭配

干蜜枣………15克
鲜奶…………240毫升
黄豆粉………15克
冰糖…………20克
蚕豆…………50克

营养成分

膳食纤维	蛋白质	脂肪	碳水化合物
1.5g	15.4g	4.3g	39.3g
维生素B_1	维生素B_2	维生素E	维生素C
0.1mg	0.1mg	2.6mg	12.4mg

食疗功效

蜜枣含有人体不可或缺的铁、B族维生素。同时，蜜枣也有促进铁质吸收的功效。黄豆粉则富含属于B族维生素的叶酸，配合铁质可预防贫血。

料理方法

① 将干蜜枣用温开水泡软。

② 蚕豆用开水煮过剥掉外皮，切成小丁。

③ 将所有材料倒入果汁机内搅打2分钟即可。

红枣档案

产地	性味	归经	保健作用
山东、山西	性温，味甘	脾、胃经	补益中气、安神养血

成熟周期：

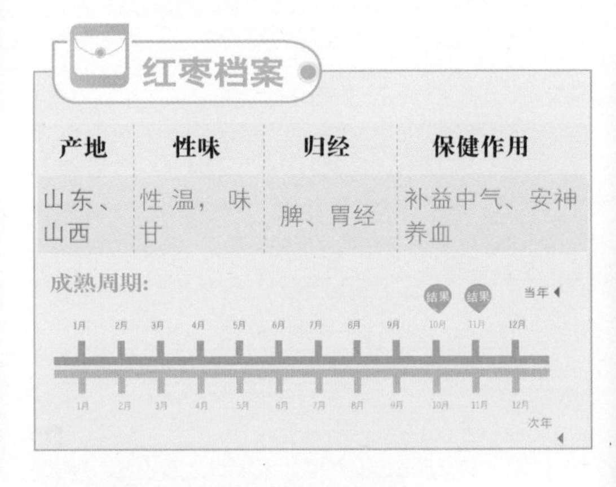

挑选大枣小窍门

可以选购那些又大又圆的果实，因为它的肉很丰厚，吃起来口感不错，最好枣子上面没有裂缝，这样它里面的营养也不至于会流失。

胡萝卜苹果橘汁

果汁热量 132.5kcal

操作方便度：★★★★☆
推荐指数：★★★★☆

• 增强体力，预防感冒

蔬果搭配

橘子…………80克
萝卜…………80克
苹果…………100克
冰糖…………10克

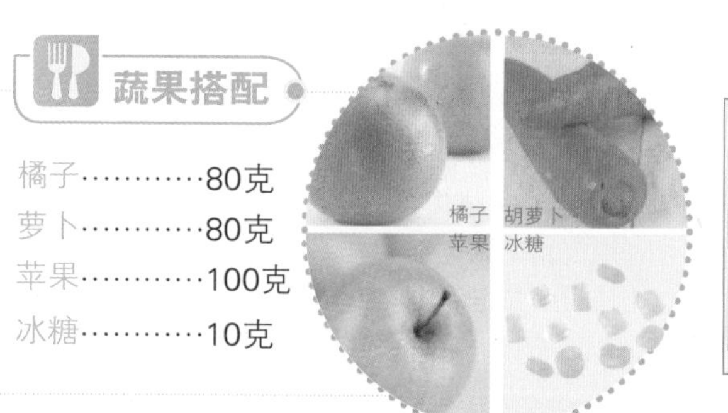

营养成分

膳食纤维	蛋白质	脂肪	碳水化合物
1.3g	0.6g	0.5g	28.2g
维生素B_1	维生素B_2	维生素E	维生素C
0.1mg	0.1mg	2.4mg	14mg

食疗功效

常喝此汁可以增强抵抗力，预防感冒。

料理方法

① 将萝卜洗干净，去掉外皮，切成小块。
② 将苹果洗干净，去掉外皮，切成小块，将橘子去皮剥开。
③ 将全部材料放入榨汁机内榨成汁，加入冰糖搅拌均匀即可。

萝卜档案

产地	性味	归经	保健作用
天津、河北	性平，味辛、甘	脾、胃经	消积化滞、清热化痰

成熟周期：

当年：1月 2月 3月 4月 5月（结果） 6月（结果） 7月 8月 9月 10月 11月 12月

次年：1月 2月 3月 4月 5月 6月 7月 8月 9月 10月 11月 12月

挑选胡萝卜小窍门

选购胡萝卜以粗细均匀，颜色红或橙红且色泽均匀，表面光滑、无根毛、无歧根、不开裂、不畸形、无污点，且根颈部不带绿色或紫红色，从外表看应具有新鲜、脆嫩、无萎蔫感，从胡萝卜内部看未糠心的胡萝卜为佳。

莲藕苹果柠檬汁

果汁热量 183kcal

操作方便度：★★★★☆
推荐指数：★★★☆☆

- 清热解毒，清肺润喉

蔬果搭配

莲藕…………150克
苹果…………80克
柠檬…………30克

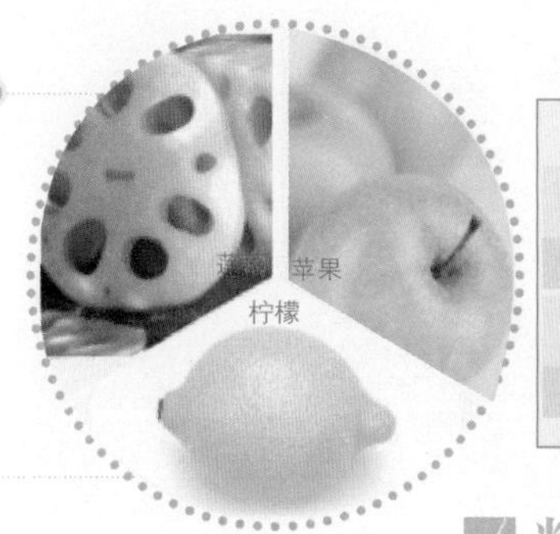

营养成分

膳食纤维	蛋白质	脂肪	碳水化合物
2.3g	3g	0.5g	36.2g
维生素B_1	维生素B_2	维生素E	维生素C
0.1mg	0.1mg	2.6mg	45.5mg

食疗功效

当遇到感冒引起的发烧、喉咙痛时，饮用这款蔬果汁可以改善症状，平时喝这种果汁可以起到强身健体、增强机体免疫力的作用。

莲藕档案

产地	性味	归经	保健作用
四川、广西	性寒，味甘	心、脾、胃经	清热凉血、生津化瘀

成熟周期：

当年：1月 2月 3月 4月 5月 6月 7月（结果） 8月（结果） 9月 10月 11月 12月

次年：1月 2月 3月 4月 5月 6月 7月 8月 9月 10月 11月 12月

挑选莲藕小窍门

要选择表面发黄，断口的地方闻着清香的，而使用工业用酸处理过的莲藕虽然看起来很白，但闻着有酸味。

料理方法

① 将莲藕洗干净，切成小块。

② 将苹果洗干净，去掉外皮，切成小块。

③ 将柠檬切成小片。

④ 将准备好的材料放入榨汁机内榨成汁即可。

金橘苹果蜜汁

果汁热量 110kcal

操作方便度：★★★☆☆
推荐指数：★★★★☆

• 储备体力，预防感冒

蔬果搭配

金橘…………50克
苹果…………80克
萝卜…………80克
蜂蜜…………10毫升

苹果 柠檬

营养成分

膳食纤维	蛋白质	脂肪	碳水化合物
1.5g	0.8g	0.9g	22.3g
维生素B_1	维生素B_2	维生素E	维生素C
0.2mg	0.1mg	2.6mg	34mg

食疗功效

金橘外皮富含维生素C，如果加上萝卜与苹果榨成蔬果汁，可以储备体力，预防感冒。

料理方法

① 将金橘洗干净，苹果洗干净，去掉外皮。
② 将萝卜洗干净，去掉外皮，切成小块。
③ 将材料倒入榨汁机内榨成汁，加入蜂蜜搅拌均匀即可。

金橘档案

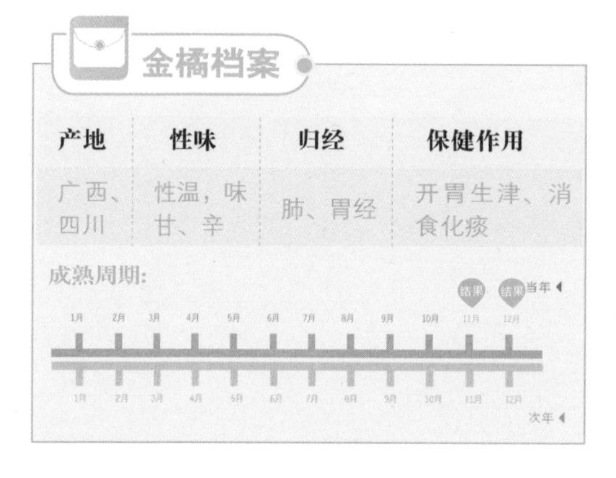

产地	性味	归经	保健作用
广西、四川	性温，味甘、辛	肺、胃经	开胃生津、消食化痰

挑选金橘小窍门

挑选金橘首先要观看果皮，看看有没有一些腐烂的斑点，如果有，那么可能是实蝇排卵留下的痕迹。然后要多揉捏一些果实，如果捏上去很软的，则里面很可能有蛆虫。

柚子萝卜蜜

• 增强免疫，美容养颜

果汁热量 100kcal

操作方便度：★★★☆☆
推荐指数：★★★★☆

蔬果搭配

柚子…………300克
白萝卜………100克
蜂蜜…………20毫升

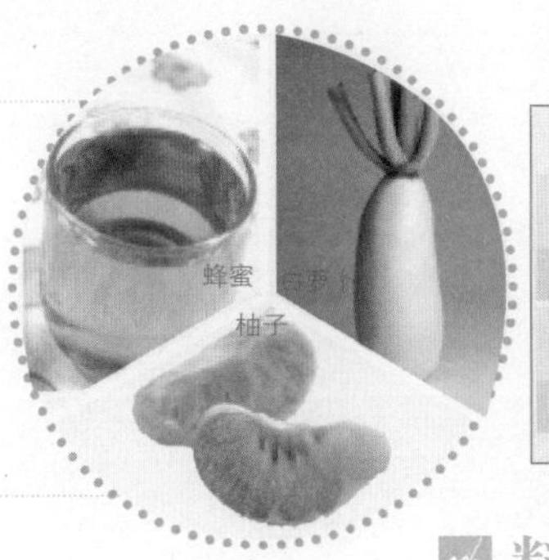

营养成分

膳食纤维	蛋白质	脂肪	碳水化合物
1.6g	1.2g	0.9g	23.1g
维生素B_1	维生素B_2	维生素E	维生素C
0.1mg	0.2mg	0.9mg	12.5mg

食疗功效

此饮能清洁血液、美容养颜、增强免疫力，清热解酒、健脾开胃，富含的维生素C还可以提高身体的抵抗力，其中的白萝卜还有止咳的作用。

料理方法

① 将柚子剥去外皮，皮的绿色部分切成细丝。

② 将白萝卜洗干净，削掉外皮，磨成细泥，用纱布沥汁。

③ 最后，将所有材料倒入果汁机内搅打2分钟即可。

柚子档案

产地	性味	归经	保健作用
广西、广东	性寒，味甘、酸	胃经	健胃消食、清热化痰

成熟周期：

结果 结果 当年

1月 2月 3月 4月 5月 6月 7月 8月 9月 10月 11月 12月

1月 2月 3月 4月 5月 6月 7月 8月 9月 10月 11月 12月 次年

挑选柚子小窍门

要看表皮是否光滑和看着色是否均匀，然后要把柚子拿起来看看它的重量，如果很重就说明这个柚子的水分很多，符合这两点就可以。

葡萄柠檬蔬果汁

操作方便度：★★★★☆
推荐指数：★★★★☆

• 强健体力，预防感冒

营养成分

膳食纤维	蛋白质	脂肪	碳水化合物
4.1g	2.4g	1.1g	16.1g

材料

葡萄100克，胡萝卜200克，柠檬30克，冰糖10克，冷开水适量。

做法

① 葡萄洗净；胡萝卜洗净，去皮，切成小块备用。② 柠檬切成片。③ 将葡萄、胡萝卜、柠檬、冷开水倒入榨汁机内榨成汁，再加冰糖即可。

食疗作用

葡萄、胡萝卜富含维生素A和维生素C，可以增强体力，还能有效预防感冒。

胡萝卜梨子汁

果汁热量 100kcal

操作方便度：★★★★☆
推荐指数：★★★★☆

• 强身健体，清热润肺

材料

胡萝卜100克，梨子150克，柠檬50克。

做法

① 将胡萝卜洗干净，去掉外皮，切成小块。② 将梨子洗干净，去掉外皮，切成小块；柠檬切成小片。③ 将准备好的材料倒入榨汁机内榨出汁即可。

食疗作用

梨子可清热、降火、润肺，加胡萝卜榨汁更可改善肝炎症状，增强身体抵抗力。

营养成分

膳食纤维	蛋白质	脂肪	碳水化合物
3.8g	2.2g	1.3g	19.8g

香蕉哈密瓜奶

• 补钙补钾，降低血压

操作方便度：★★★★☆
推荐指数：★★★☆☆

营养成分

膳食纤维	蛋白质	脂肪	碳水化合物
1.5g	5.2g	3.3g	36.5g

◎ 材料

香蕉300克，哈密瓜150克，脱脂鲜奶200毫升。

◎ 做法

① 将香蕉去掉外皮，切成大小适当的块。② 将哈密瓜洗干净，去掉外皮、去掉瓤，切成小块，备用。③ 最后将所有材料放入果汁机内搅打2分钟即可。

◎ 食疗作用

香蕉多钾、少钠，可以降血压；而牛奶中的钙，也有助于抑制因盐分摄入过量造成血压上升。本品对于上班族来说可以起到缓解压力的作用。

沙田香柚汁

• 消除疲劳，预防癌症

果汁热量 170kcal

操作方便度：★★★★★
推荐指数：★★★☆☆

◎ 材料

沙田柚500克。

◎ 做法

① 将沙田柚的厚皮去掉，切成可放入榨汁机大小适当的块。② 将柚子肉放入榨汁机内榨成汁即可。

◎ 食疗作用

本饮品可以预防感冒、塑造美肤、消除疲劳，还可以预防癌症和动脉硬化。

营养成分

膳食纤维	蛋白质	脂肪	碳水化合物
4g	3.5g	3g	61g

姜梨蜜熟饮

- 生津止渴，清热润肺

果汁热量 110kcal

操作方便度：★★★★☆
推荐指数：★★★★☆

蔬果搭配

梨子…………100克
蜂蜜…………10克
姜……………15克
冷开水………240毫升

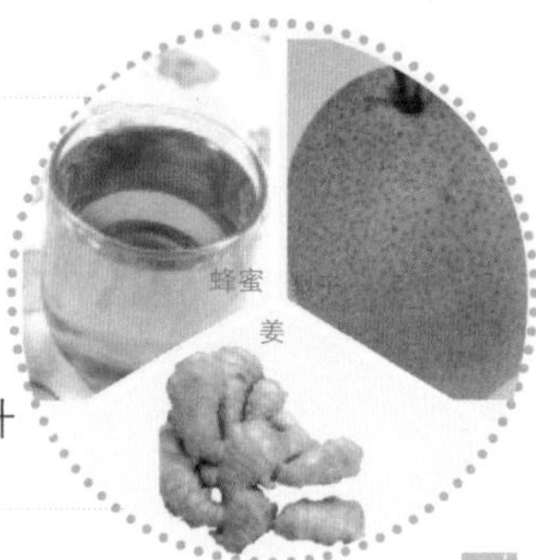

营养成分

膳食纤维	蛋白质	脂肪	碳水化合物
3.2g	1.5g	8.9g	15.4g
维生素B_1	维生素B_2	维生素E	维生素C
0.1mg	0.2mg	3.5mg	6.5mg

食疗功效

梨具有生津止渴、清热润肺、止咳化痰的功效，添加姜汁和蜂蜜更有助于止咳化痰，这道蔬果汁适合喉咙痛时饮用。

料理方法

① 将梨子洗净，削皮，去籽，切小块。
② 姜洗净，削皮，切成块。
③ 将准备好的材料倒入果汁机内搅打2分钟。
④ 最后，在电磁炉上加热后放入蜂蜜即可。

生姜档案

产地	性味	归经	保健作用
河北、河南	性微温，味辛	肺、脾、胃经	发汗解表、温肺止咳

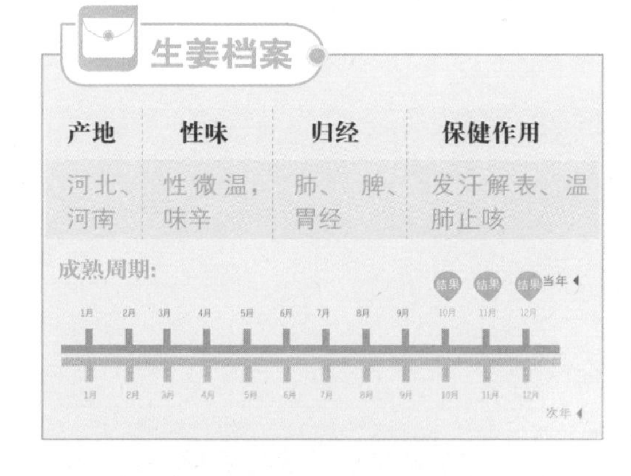

挑选生姜小窍门

霉变的生姜有毒性物质，有致癌作用，会导致肝细胞病变，不能食用，所以在挑选生姜的时候，要以不发霉为标准。

西红柿甘蔗菜汁

• 保肝护肝，清热解毒

果汁热量 146kcal

操作方便度：★★★★☆
推荐指数：★★★★☆

蔬果搭配

西红柿………200克
卷心菜………100克
甘蔗汁………250克

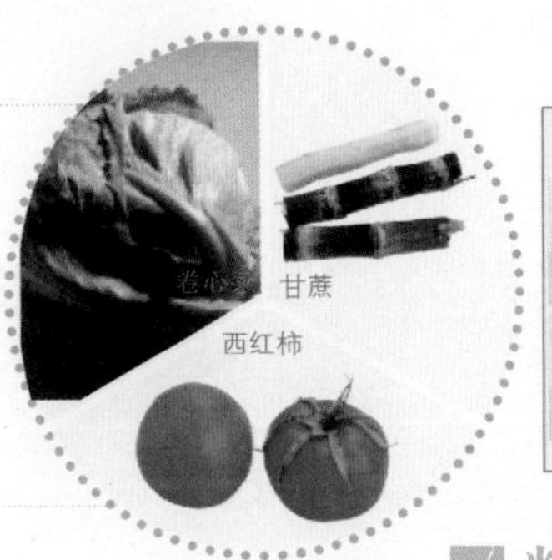

营养成分

膳食纤维	蛋白质	脂肪	碳水化合物
3.4g	4.9g	16.2g	14.8g
维生素B_1	维生素B_2	维生素E	维生素C
0.1mg	0.1mg	2.2mg	120mg

食疗功效

卷心菜含有丰富的维生素、膳食纤维、钙质，所榨出的汁加入西红柿后可改善口感，并增加维生素、矿物质含量，还有助于改善肝功能。而甘蔗汁则具有保肝、清热解毒、驱寒等功效。

料理方法

① 将西红柿洗干净，切成小块，备用。

② 卷心菜洗干净，撕成小块，备用。

③ 然后将准备好的材料倒入果汁机内搅打2分钟即可。

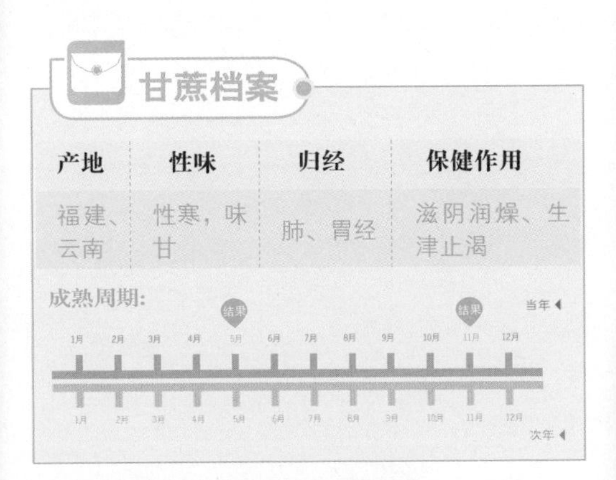

甘蔗档案

产地	性味	归经	保健作用
福建、云南	性寒，味甘	肺、胃经	滋阴润燥、生津止渴

挑选甘蔗小窍门

好的甘蔗茎杆粗硬光滑，端正而挺直，富有光泽，表面呈紫色，挂有白霜，表面无虫蛀孔洞。且粗细要均匀，过细千万不能选，过粗一般也不建议。

胡萝卜苹果汁

果汁热量 199kcal

操作方便度：★★★☆☆

推荐指数：★★★☆☆

• 抗癌减脂，清洁血液

蔬果搭配

胡萝卜……………150克

苹果……………250克

柠檬……………30克

冰糖……………20克

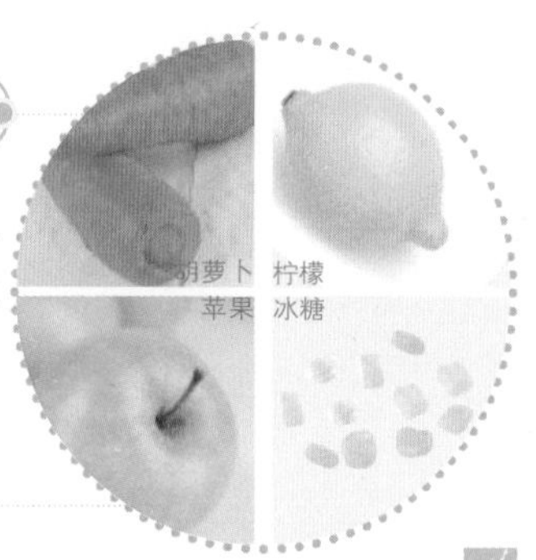

营养成分

膳食纤维	蛋白质	脂肪	碳水化合物
4.1g	2.4g	1.1g	16.1g
维生素B_1	维生素B_2	维生素E	维生素C
0.2mg	0.1mg	1.3mg	0.1mg

食疗功效

胡萝卜含有丰富的胡萝卜素，是强力抗氧化剂，可防止细胞遭受破坏，可抗癌。胡萝卜、苹果都含有丰富的膳食纤维，除了有助于降低血液中的胆固醇含量，抑制脂肪的吸收之外，还可避免过度肥胖所引发的动脉硬化。

料理方法

① 将胡萝卜洗干净，去掉外皮，切成小块。

② 将苹果洗干净，去掉外皮、去掉外核，切成小块，柠檬切成小片。

③ 再将准备好的材料倒入果汁机内搅打2分钟即可。

胡萝卜档案

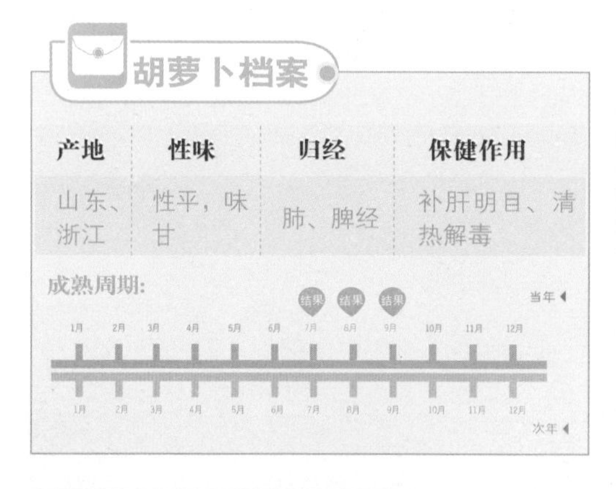

产地	性味	归经	保健作用
山东、浙江	性平，味甘	肺、脾经	补肝明目、清热解毒

挑选胡萝卜小窍门

胡萝卜中胡萝卜素的含量因部位不同而有所差别。和茎叶相连的顶部比根部多，外层的皮质含量比中央髓质部位要多。所以，购买胡萝卜，应该首选肉厚、芯小、稍短的那一种。

草莓双笋汁

• 利尿降压，保护血管

果汁热量 68.9kcal

操作方便度：★★★☆☆
推荐指数：★★★★☆

蔬果搭配

芦笋…………60克
莴笋…………150克
草莓…………150克
柠檬…………30克

营养成分

膳食纤维	蛋白质	脂肪	碳水化合物
4.4g	3.5g	0.5g	13g
维生素B_1	维生素B_2	维生素E	维生素C
0.1mg	0.1mg	0.9mg	85.5mg

食疗功效

此饮中的绿芦笋含有黄酮化合物、天门冬及丰富的维生素A、维生素C、维生素E及B族维生素，能清洁血液、利尿、降血压、保护血管，还有预防动脉硬化的功能。

料理方法

① 将草莓洗干净，去掉蒂；芦笋洗干净，切成小段。

② 将莴笋洗干净，切成小块。

③ 将准备好的材料放入果汁机，搅打2分钟即可。

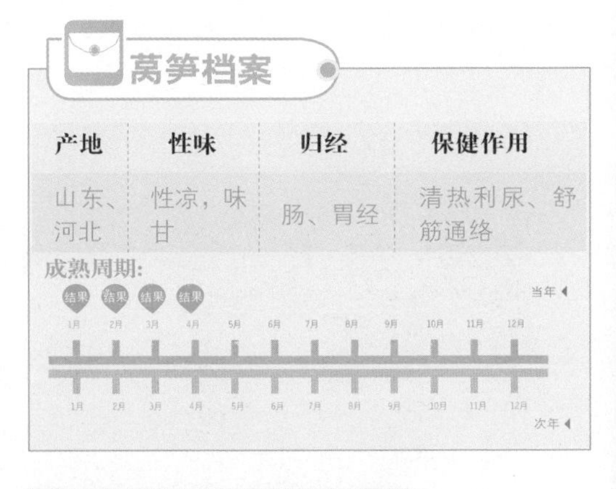

莴笋档案

产地	性味	归经	保健作用
山东、河北	性凉，味甘	肠、胃经	清热利尿、舒筋通络

成熟周期：

挑选莴笋小窍门

笋形要粗短条顺、不弯曲、大小整齐；还要保证皮薄、质脆、水分充足、表面无锈色。叶子不能黄，基部不带毛根，上部叶片不超过五六片。

西芹苹果蜜汁

• 强化血管，降低血脂

果汁热量 79.9kcal

操作方便度：★★★★☆
推荐指数：★★★★☆

营养成分

膳食纤维	蛋白质	脂肪	碳水化合物
1.3g	0.8g	0.5g	18.1g

◎ 材料

西芹30克，苹果100克，胡萝卜50克，柠檬20克，蜂蜜少许。

◎ 做法

① 将西芹洗干净，切成小段。② 苹果洗干净，切成小块。③ 将胡萝卜洗干净，切成小块。④ 将所有材料倒入榨汁机内榨出汁，加入蜂蜜拌匀即可。

◎ 食疗作用

西芹苹果汁富含维生素C，可软化血管，预防动脉硬化。

火龙果降压果汁

• 清热凉血，补体解毒

果汁热量 79.9kcal

操作方便度：★★★★☆
推荐指数：★★★★☆

◎ 材料

火龙果200克，柠檬30克，酸奶200毫升。

◎ 做法

① 火龙果去皮，切成小块备用。② 柠檬洗净，连皮切成小块。③ 将所有材料倒入果汁机内打成果汁即可。

◎ 食疗作用

火龙果可以清热凉血、降低血压和胆固醇。喝火龙果降压汁可以通便利尿，还可预防动脉硬化。

营养成分

膳食纤维	蛋白质	脂肪	碳水化合物
1.7g	3.7g	3.2g	18.5g

双果双菜优酪乳

操作方便度：★★★★☆
推荐指数：★★★★☆

• 补体强身，减肥瘦身

◎ 材料

生菜50克，芹菜50克，西红柿50克，苹果50克，酸奶250毫升。

◎ 做法

① 将生菜洗净，撕成块；芹菜洗净，切成段。② 西红柿洗净，切成小块；苹果洗净，去皮切成块。③ 将所有准备好的材料倒入果汁机内搅打成汁即可。

营养成分

膳食纤维	蛋白质	脂肪	碳水化合物
1g	3.8g	3.3g	20.3g

◎ 食疗作用

这道蔬果汁富含B族维生素，可以强化肝功能，每天喝一杯能有益身体健康。

西红柿芹菜柠檬汁

果汁热量 30kcal

操作方便度：★★★★★
推荐指数：★★★★★

• 清热解毒，保护肝脏

◎ 材料

西红柿200克，芹菜100克，柠檬50克。

◎ 做法

① 将西红柿洗干净，切成小块。② 将芹菜洗干净，切成小段；柠檬切成小片。③ 将所有材料放入榨汁机内榨出汁，搅拌均匀即可。

◎ 食疗作用

芹菜可以改善神经质，和西红柿一起打成果汁具有解毒和强化肝功能的作用。

营养成分

膳食纤维	蛋白质	脂肪	碳水化合物
1.5g	1.1g	0.6g	5.1g

香瓜蔬菜蜜汁

果汁热量 188.6kcal

操作方便度：★★★★☆
推荐指数：★★★☆☆

• 排除毒素，降低血压

蔬果搭配

香瓜…………200克
高丽菜………100克
西芹…………100克
蜂蜜…………30克

营养成分

膳食纤维	蛋白质	脂肪	碳水化合物
2.7g	3g	1g	41.2g
维生素B_1	维生素B_2	维生素E	维生素C
0.1mg	0.2mg	1.7mg	1.8mg

料理方法

① 将香瓜洗净，去皮，对半切开，去籽，切块备用。

② 西芹洗净，切段；高丽菜洗净，切片。

③ 将所有的材料倒入果汁机内打匀即可。

食疗功效

香瓜含有丰富的维生素及水分，能排除体内的毒素，促进新陈代谢，预防高血压。

香瓜档案

产地	性味	归经	保健作用
河北、河南	性寒，味甘	胃、肺、大肠经	清热解暑、除烦利尿

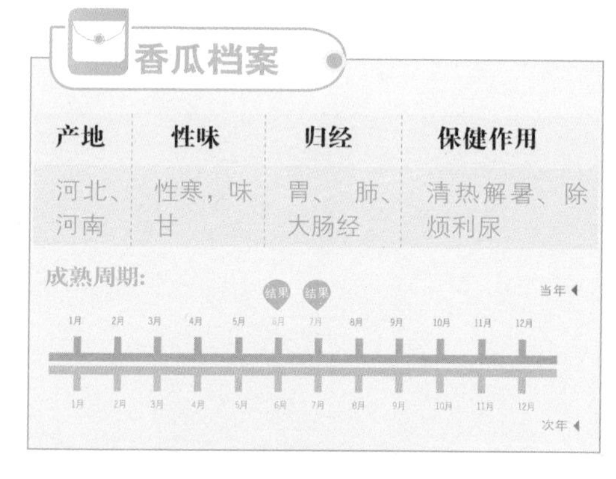

挑选高丽菜小窍门

要选择形状完整、外表光洁、紧密结实、有重量感、底部坚硬、无变色空心的，且果实不能腐烂、颜色无枯黄斑点。

胡萝卜蔬菜汁

果汁热量 117kcal

操作方便度：★★★★☆
推荐指数：★★★★☆

- 预防癌症，消除腹胀

蔬果搭配

胡萝卜………150克
小油菜………60克
白萝卜………60克
苹果…………50克
柠檬…………50克

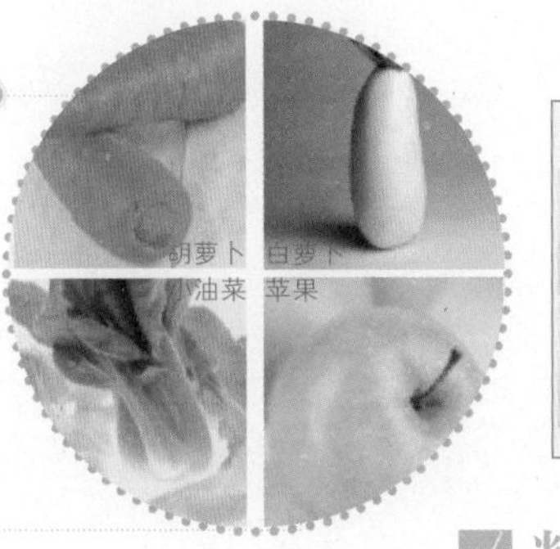

营养成分

膳食纤维	蛋白质	脂肪	碳水化合物
3g	3.5g	1.6g	23.2g

维生素B_1	维生素B_2	维生素E	维生素C
0.1mg	0.2mg	2.9mg	55.2mg

食疗功效

这道蔬果汁可预防癌症，帮助消化，消除胃胀。深绿的蔬菜含有身体所需的多种营养元素。

油菜档案

产地	性味	归经	保健作用
河北、内蒙	性凉，味甘	肝、脾、肺经	活血化瘀、润肠通便

成熟周期：

当年：1月 2月 3月 4月 5月 6月（结果） 7月（结果） 8月 9月 10月 11月 12月

次年：1月 2月 3月 4月 5月 6月 7月 8月 9月 10月 11月 12月

挑选油菜小窍门

在挑选油菜的时候，应该选择颜色翠绿的，鲜见虫眼的品种。

料理方法

① 胡萝卜洗净，切成细长条；小油菜洗净，择去黄叶，柠檬去皮，切块。

② 白萝卜洗净，切成细长条；苹果洗净，切小块。

③ 最后，将所有材料放入榨汁机内榨成汁即可。

南瓜柳橙牛奶

果汁热量 110kcal

操作方便度：★★★★☆
推荐指数：★★★★☆

• 补益身心，紧致小腹

蔬果搭配

南瓜…………100克
柳橙…………80克
牛奶…………100克

营养成分

膳食纤维	蛋白质	脂肪	碳水化合物
1.1g	4.1g	3.1g	13.8g
维生素B_1	维生素B_2	维生素E	维生素C
0.1mg	0.1mg	0.9mg	25mg

食疗功效

南瓜含有丰富的微量元素、果胶，柳橙富含维生素A和维生素C，均可以改善肝功能。常喝此果汁可以有效提高人体免疫力。

料理方法

① 将南瓜洗干净，去掉外皮，入锅中蒸熟。
② 柳橙去掉外皮，切成大小适合的块。
③ 最后将南瓜、柳橙、牛奶倒入果汁机内搅匀、打碎即可。

南瓜档案

产地	性味	归经	保健作用
浙江、福建	性温，味甘	脾、胃经	消炎止痛、补益中气

成熟周期：

当年：1月 2月 3月 4月 5月 6月 7月 8月 9月（结果） 10月（结果） 11月 12月
次年：1月 2月 3月 4月 5月 6月 7月 8月 9月 10月 11月 12月

挑选南瓜小窍门

挑选南瓜时，可以用手指甲在南瓜上掐一下，就会有水渗出来。用食指沾水少许，与拇指摩擦，如果手上有白色的粉，就说明南瓜是面的。

西红柿胡柚优酪乳

• 补充钙质，瘦身塑形

果汁热量 127kcal

操作方便度：★★★★☆
推荐指数：★★★★☆

蔬果搭配

西红柿………200克
胡柚…………300克
柠檬…………30克
酸奶…………240克
冰糖…………20克

营养成分

膳食纤维	蛋白质	脂肪	碳水化合物
1.8g	5.5g	3.9g	23.8g
维生素B_1	维生素B_2	维生素E	维生素C
0.1mg	0.1mg	1.5mg	100mg

食疗功效

西红柿营养丰富，搭配钙质丰富的酸奶，可以抑制因为盐分摄取过量所导致的血压升高。若要预防高血压最好戒烟，因为抽烟者容易导致钙质流失。

料理方法

① 将西红柿洗干净，切成大小适中的块。
② 胡柚去皮，剥掉内膜，切成块，备用。
③ 将所有材料倒入果汁机内搅打2分钟即可。

胡柚档案

产地	性味	归经	保健作用
浙江、福建	性寒，味甘、酸	脾、肺经	健胃消食、化痰止咳

成熟周期：结果 4月、5月（当年 1月—12月；次年 1月—12月）

挑选胡柚小窍门

首先要看外表，表皮没有虫蛀、没有腐烂，且颜色鲜艳；然后就要掂重量，重的则水分比较多，吃起来口感更好。

圣女果芒果汁

• 降低血脂，轻松减肥

操作方便度：★★★★☆
推荐指数：★★★★☆

营养成分

膳食纤维	蛋白质	脂肪	碳水化合物
2.3g	1.8g	0.7g	11g

◎ 材料

圣女果200克，芒果200克，冰糖5克。

◎ 做法

① 将芒果洗干净，去掉外皮，去掉核，切成小块。② 圣女果洗干净，去掉蒂，切成大小适合的块。③ 将所有材料倒入果汁机内搅打成汁，加入冰糖即可。

◎ 食疗作用

圣女果即西红柿的一个品种，含有大量的维生素C、维生素P及钙、磷、铁，有降低胆固醇、预防高血压等作用。经常饮用本品，能够强壮身体，瘦身排毒。

酪梨葡萄果汁

• 养颜美容，缓解宿醉

果汁热量 100kcal

操作方便度：★★★☆☆
推荐指数：★★★★☆

◎ 材料

酪梨50克，葡萄柚100克，冷开水200毫升。

◎ 做法

① 将酪梨洗干净，去掉外皮，切成大小适合的块。② 葡萄柚去外皮，去内膜，切成小块。③ 最后将所有材料倒入果汁机内搅打均匀即可。

◎ 食疗作用

葡萄柚和酪梨都具有降低血压和胆固醇的功效，经常饮用此品还可以养颜美容，缓解宿醉。

营养成分

膳食纤维	蛋白质	脂肪	碳水化合物
1.8g	1.6g	8.3g	5.6g

苹茄优酪乳

• 整肠利尿，改善便秘

果汁热量 126kcal

操作方便度：★★★★☆
推荐指数：★★★★☆

营养成分

膳食纤维	蛋白质	脂肪	碳水化合物
1g	3.8g	3.3g	20.3g

材料

西红柿80克，苹果100克，酸奶200毫升。

做法

① 将西红柿洗干净，去掉蒂，切成小块。② 苹果洗干净，去掉外皮，切成小块，备用。③ 将所有材料放入果汁机内搅打成汁即可。

食疗作用

西红柿可以助消化、解油腻、抗氧化，苹果可以整肠利尿、改善便秘，加入酸奶打成果汁饮用可以改善便秘。

葡萄蔬果汁

• 降低血压，清洁肠道

果汁热量 79kcal

操作方便度：★★★★☆
推荐指数：★★★★☆

材料

葡萄150克，胡萝卜50克，酸奶200毫升，冰块20克。

做法

① 将胡萝卜洗干净，去掉外皮，切成大小适合的块。② 葡萄洗干净，备用。③ 将所有材料放入果汁机内搅打成汁即可。

食疗作用

葡萄含有丰富的葡萄糖，此外还含有多量的钾，可以排出体内多余的钠，因此还有预防高血压的作用。打成汁时，一定要连皮一起。

营养成分

膳食纤维	蛋白质	脂肪	碳水化合物
3.3g	4g	3.7g	5.2g

橘子姜蜜汁

• 保护心脏，消减脂肪

果汁热量 150.7kcal

操作方便度：★★★★☆
推荐指数：★★★☆☆

蔬果搭配

橘子…………150克
姜……………10克
蜂蜜…………15克
开水…………200毫升

营养成分

膳食纤维	蛋白质	脂肪	碳水化合物
0.1g	0.1g	0.2g	37.5g
维生素B_1	维生素B_2	维生素E	维生素C
0.1mg	0.1mg	0.1mg	2.5mg

食疗功效

橘子含有丰富的维生素C，有降低血脂和胆固醇的作用，所以冠心病、血脂高的人多吃橘子好处多多。

橘子档案

产地	性味	归经	保健作用
江西、重庆	性凉，味甘、酸	肺、胃经	健脾顺气、化痰止咳

成熟周期：

当年 1月 2月 3月 4月 5月 6月 7月 8月（结果） 9月（结果） 10月（结果） 11月 12月

次年 1月 2月 3月 4月 5月 6月 7月 8月 9月 10月 11月 12月

挑选橘子小窍门

首先要看表皮颜色，呈现闪亮色泽的橘色或深黄色的橘子，才表示是比较新鲜、成熟的橘子；然后拿在手上，轻捏表皮，就会发现橘子皮上会冒出一些油；或是透过果皮，闻到阵阵香气，就是可以选购的优良品种了。

料理方法

① 将橘子剥皮，撕成小块，放入榨汁机内榨成汁。

② 把老姜切成片，再拍扁，加水煮沸后，放着等待温度稍降。

③ 在榨好的橘子汁中，加入刚刚煮过姜片的温水，再加入蜂蜜拌匀即可。

胡萝卜优酪乳

• 预防便秘，清空宿便

果汁热量 110kcal

操作方便度：★★★★☆
推荐指数：★★★★☆

蔬果搭配

胡萝卜………200克
酸奶…………120克
柠檬…………30克
冰糖…………10克

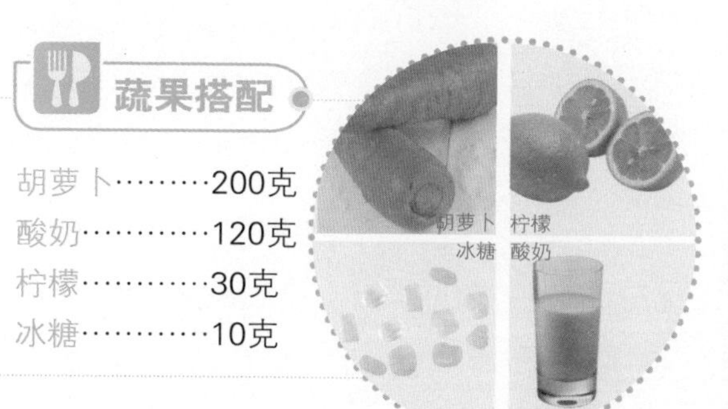

营养成分

膳食纤维	蛋白质	脂肪	碳水化合物
2.6g	3.7g	2.5g	17.9g
维生素B_1	维生素B_2	维生素E	维生素C
0.1mg	0.2mg	1.4mg	24.7mg

食疗功效

胡萝卜有润肠通便、预防便秘及补血之功效。酸奶可以增加肠道内的有益菌，促进肠道蠕动。

料理方法

① 将胡萝卜洗干净，去掉外皮，切成大小适合的块。② 柠檬切成小片。③ 将所有的材料倒入果汁机内搅拌2分钟即可。

柠檬档案

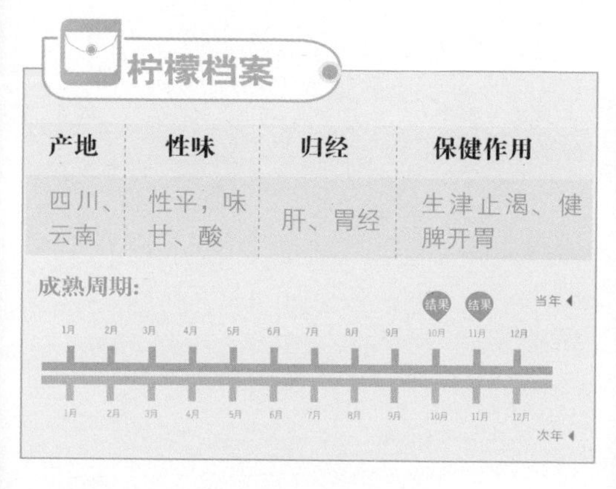

产地	性味	归经	保健作用
四川、云南	性平，味甘、酸	肝、胃经	生津止渴、健脾开胃

挑选柠檬小窍门

柠檬蒂的下方呈绿色时，代表柠檬很新鲜。拿在手上，感觉沉重时，代表果汁含量十分丰富。

西红柿芹菜豆腐汁

果汁热量 133kcal

操作方便度：★★★★☆
推荐指数：★★★★☆

• 预防血栓，净化血液

材料

西红柿100克，芹菜30克，嫩豆腐100克，蜂蜜20克，柠檬30克，冷开水250毫升。

做法

① 将西红柿洗净，切成大小适当的块。② 芹菜洗净，切成3厘米长的段；豆腐切块；柠檬切成小片。③ 将所有材料放入果汁机内搅打2分钟即可。

食疗作用

西红柿能净化血液，抑制血栓的形成，而西芹含有丰富的钾，能预防高血压，同时具有抗血栓的作用，能够使血液循环顺畅，防止血块凝结，预防动脉硬化。

营养成分

膳食纤维	蛋白质	脂肪	碳水化合物
1.3g	8.8g	4.5g	15.2g

蔬菜柠檬蜜汁

果汁热量 64.4kcal

操作方便度：★★★★☆
推荐指数：★★★★☆

• 降火祛热，降低血压

材料

芹菜80克，生菜40克，柠檬50克，蜂蜜10克。

做法

① 将芹菜洗干净，切成小段。② 将生菜洗干净，撕成小片。③ 将准备好的材料放入榨汁机内榨出汁，加入蜂蜜拌匀即可。

食疗作用

芹菜可以降火去热、降血压。这道蔬果汁可预防动脉硬化。

营养成分

膳食纤维	蛋白质	脂肪	碳水化合物
1.6g	1.6g	1g	13.1g

胡萝卜山竹汁

果汁热量 70kcal

操作方便度：★★★★☆
推荐指数：★★★★☆

• 补充营养，健康减肥

材料

胡萝卜50克，山竹100克，柠檬50克，水100毫升。

做法

① 将胡萝卜洗干净，去掉外皮，切成薄片。② 山竹洗净，去掉外皮；柠檬切成小片。③ 将准备好的材料放入果汁机，加水100毫升打成汁即可。

食疗作用

山竹富含多种矿物质，对体弱、营养不良以及病后都有很好的调养作用。

营养成分

膳食纤维	蛋白质	脂肪	碳水化合物
1.9g	1.2g	0.9g	15.2g

草莓酸奶

果汁热量 79kcal

操作方便度：★★★★☆
推荐指数：★★★★☆

• 舒缓压力，预防癌症

材料

草莓30克，原味酸奶250毫升，冰糖10克，柠檬30克。

做法

① 将草莓洗干净，去掉蒂，切成大小合适的块。② 草莓、酸奶和冰糖、柠檬一起放入果汁机内搅打2分钟即可。

食疗作用

草莓酸奶是具有癌症遗传体质、工作忙碌、压力大者的最佳选择。但应注意，草莓里含草酸较高，易患泌尿系统结石者应该少吃。

营养成分

膳食纤维	蛋白质	脂肪	碳水化合物
1.6g	3.8g	3g	9.3g

沙田柚草莓汁

果汁热量 96kcal

操作方便度：★★★★☆

推荐指数：★★★★☆

• 延缓衰老，美白皮肤

蔬果搭配

沙田柚……100克

草莓………20克

酸奶………200毫升

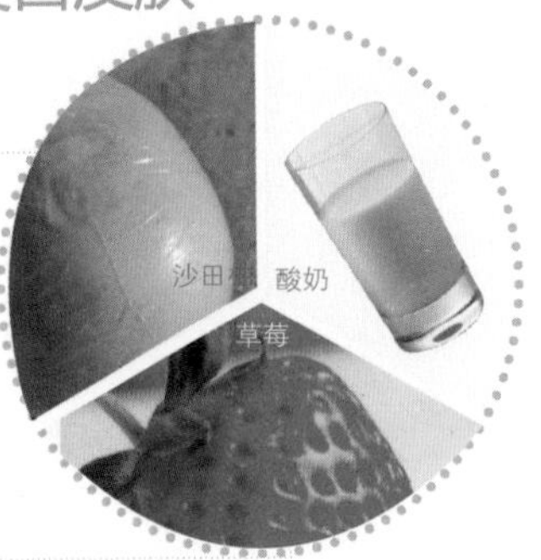

营养成分

膳食纤维	蛋白质	脂肪	碳水化合物
1.1g	4.2g	1g	23.2g
维生素B_1	维生素B_2	维生素E	维生素C
0.1mg	0.2mg	0.1mg	8mg

食疗功效

草莓、沙田柚都富含维生素C，有助于清除体内的自由基，有延缓衰老的功效，对美白皮肤也有效。

料理方法

① 将沙田柚去皮，切成小块。

② 草莓洗干净，去蒂，切成大小适当的小块。

③ 将所有材料放入果汁机内搅打成汁即可。

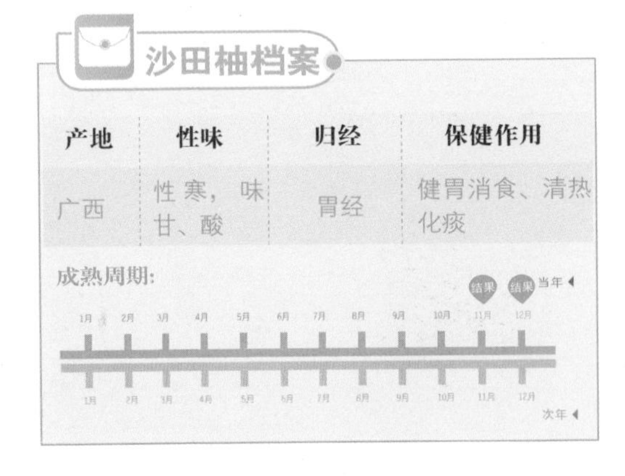

沙田柚档案

产地	性味	归经	保健作用
广西	性寒，味甘、酸	胃经	健胃消食、清热化痰

挑选沙田柚小窍门

成熟的果面应该是呈略深色的橙黄色。果形以果蒂部呈短颈状的葫芦形或梨形为好。

清体
纤体
补体
养颜美白
健康养颜

猕猴桃桑葚奶

果汁热量 104kcal

操作方便度：★★★★☆
推荐指数：★★★★☆

• 补充营养，缓解衰老

蔬果搭配

桑葚…………80克
猕猴桃………50克
牛奶…………150毫升

营养成分

膳食纤维	蛋白质	脂肪	碳水化合物
5.4g	3.6g	2.2g	17.7g
维生素B_1	维生素B_2	维生素E	维生素C
0.1mg	0.2mg	10.6mg	326mg

食疗功效

猕猴桃含丰富的维生素C，有延缓衰老的作用。桑葚营养丰富，一般人均可食用，但是桑葚性寒，脾胃虚寒者不宜多食。本饮品具有润泽肌肤、延缓衰老之功效。

料理方法

① 将桑葚用盐水浸泡、清洗干净。② 猕猴桃洗干净，去掉外皮，切成大小适合的块。③ 将桑葚、猕猴桃一起放入果汁机内，加入牛奶，搅拌均匀即可。

猕猴桃档案

产地	性味	归经	保健作用
河南、陕西	性寒，味甘、酸	脾、胃经	清热生津、利尿止渴

成熟周期：

当年：1月 2月 3月 4月 5月 6月 7月 8月（结果） 9月（结果） 10月（结果） 11月 12月

次年：1月 2月 3月 4月 5月 6月 7月 8月 9月 10月 11月 12月

怎样挑选猕猴桃

一般优质的猕猴桃果形规则，每颗约重80—140克，果形多呈椭圆形，表面光滑无皱；果脐小而圆并且向内收缩；果皮呈均匀的黄褐色，富有光泽；果毛细而不易脱落。

香梨优酪乳

操作方便度：★★★★☆
推荐指数：★★★★☆

- 预防便秘，消除雀斑

蔬果搭配

梨子…………200克
柠檬…………30克
酸奶…………200毫升

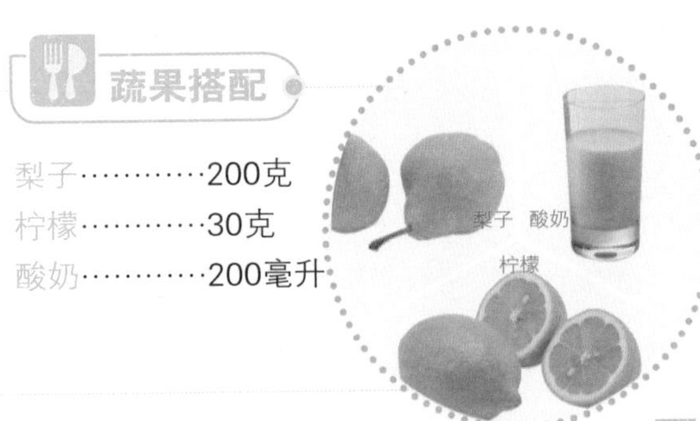

营养成分

膳食纤维	蛋白质	脂肪	碳水化合物
2.1g	4g	0.8g	19.6g
维生素B_1	维生素B_2	维生素E	维生素C
0.1mg	0.2mg	3.6mg	5mg

食疗功效

常饮此饮品，可以预防便秘、动脉硬化、身体老化，还具有预防黑斑、雀斑、老人斑及细纹的效用。

料理方法

① 将梨子洗干净，去掉外皮，去籽，切成大小适合的块。

② 柠檬洗净后切成块状。

③ 将所有材料放入果汁机内搅打成汁即可。

梨子档案

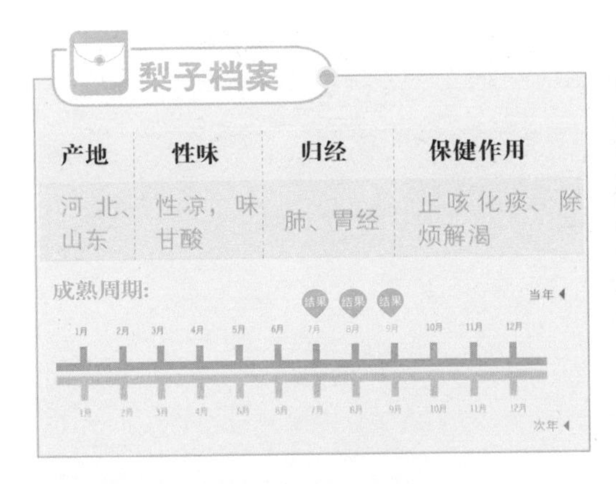

产地	性味	归经	保健作用
河北、山东	性凉，味甘酸	肺、胃经	止咳化痰、除烦解渴

挑选梨子小窍门

选购梨子时，应该挑选个大适中、果皮薄细、光泽鲜艳、无虫眼及损伤的果实。

莴笋西芹蔬果汁

果汁热量 84kcal

操作方便度：★★★★☆
推荐指数：★★★★☆

• 美容养颜，排毒塑身

蔬果搭配

莴笋…………80克
西芹…………70克
苹果…………150克
柠檬…………30克
冰糖…………10克

营养成分

膳食纤维	蛋白质	脂肪	碳水化合物
2g	1.7g	0.4g	18.3g
维生素B_1	维生素B_2	维生素E	维生素C
0.1mg	0.1mg	1.9mg	18mg

食疗功效

此蔬果汁富含维生素A、维生素C，满满一杯综合蔬果汁，美容又养颜。

料理方法

① 将莴笋洗干净，切成小段。
② 西芹洗干净，切成小段。柠檬切片。
③ 苹果洗干净，带皮去核，切成小块。
④ 将所有材料放入果汁机内搅打2分钟即可。

西芹档案

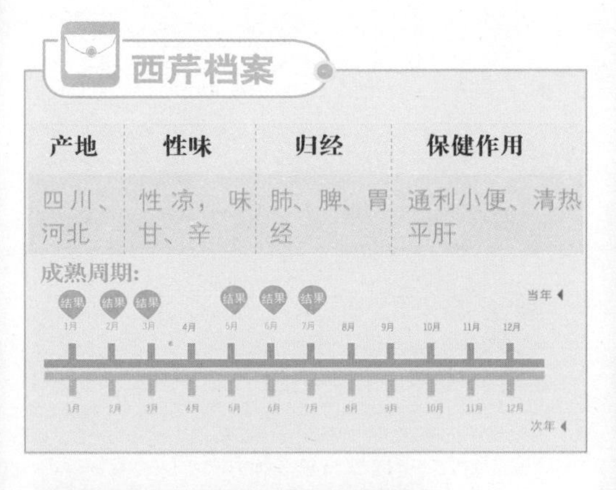

产地	性味	归经	保健作用
四川、河北	性凉，味甘、辛	肺、脾、胃经	通利小便、清热平肝

挑选西芹小窍门

选购芹菜时，梗不宜太长，20～30cm为宜，菜叶翠绿、不枯黄，菜梗粗壮者为佳。用指甲掐一下芹菜的茎，如果能掐断，有汁液流出就表示是好芹菜。

芝麻香蕉牛奶

• 润肤解毒，润肠通便

果汁热量 160.8kcal

操作方便度：★★★★☆
推荐指数：★★★★☆

◎ 材料

芝麻酱20克，香蕉100克，鲜奶240毫升。

◎ 做法

① 将香蕉去掉外皮，切成小段，放入果汁机内。② 再倒入芝麻酱及鲜奶，一起搅拌2分钟即可。

◎ 食疗作用

芝麻含有抗老化的维生素E，可以使皮肤、指甲更健康，含维生素B_2也很丰富，能够行血、润肤、解毒，促进乳汁分泌。

营养成分

膳食纤维	蛋白质	脂肪	碳水化合物
1.2g	5.6g	8.2g	16.2g

西红柿山楂蜜汁

• 抗癌清热，消食利尿

果汁热量 114kcal

操作方便度：★★★★☆
推荐指数：★★★★☆

◎ 材料

西红柿150克，山楂80克，冷开水250毫升，蜂蜜10克。

◎ 做法

① 将西红柿洗干净，去掉蒂，切成大小合适的块。② 山楂洗干净，切成小块。③ 将西红柿、山楂放入果汁机内，加水和蜂蜜，搅打2分钟即可。

◎ 食疗作用

西红柿富含维生素C、维生素E和磷、钠、钾、镁、胡萝卜素、茄红素等有机酸。其中茄红素具有抗氧化物质，可以清除自由基，有抗癌的作用，同时还有清热、消食、利尿等功效。

营养成分

膳食纤维	蛋白质	脂肪	碳水化合物
3.6g	1.4g	0.8g	25.5g

芝麻蜂蜜豆浆

• 美化肌肤，抑制脂肪

110kcal

操作方便度：★★★★☆
推荐指数：★★★★☆

材料

芝麻酱10克，豆浆250毫升，蜂蜜10克。

做法

将芝麻酱、豆浆搅拌均匀，倒入果汁机内，搅打均匀后加入蜂蜜拌匀即可。

食疗作用

补肝益肾、强身、润燥滑肠、通乳，抑制胆固醇、脂肪吸收，预防心血管病发生。还能美化肌肤、增强记忆力、使头发乌黑亮丽。

营养成分

膳食纤维	蛋白质	脂肪	碳水化合物
2g	4g	6.2g	9.5g

葡萄芝麻汁

• 排除毒素，驻颜美容

果汁热量 95.6kcal

操作方便度：★★★★☆
推荐指数：★★★★☆

材料

红葡萄100克，黑芝麻10克，苹果150克，酸奶200毫升。

做法

① 将葡萄洗干净，备用。② 将苹果洗干净，去皮、去核，切成小块。③ 最后，将所有材料放入果汁机内搅打成汁即可。

食疗作用

葡萄皮和籽富含原花青素，可以抗氧化、清除自由基、排除体内毒素，加上芝麻，更能延缓衰老。

营养成分

膳食纤维	蛋白质	脂肪	碳水化合物
2.2g	3.9g	1.6g	17g

黑豆养生汁

• 香滑适口，活血解毒

果汁热量 142kcal

操作方便度：★★★★☆
推荐指数：★★★★☆

蔬果搭配

黑豆…………20克
黑芝麻………10克
红糖…………10克
冷开水………200毫升

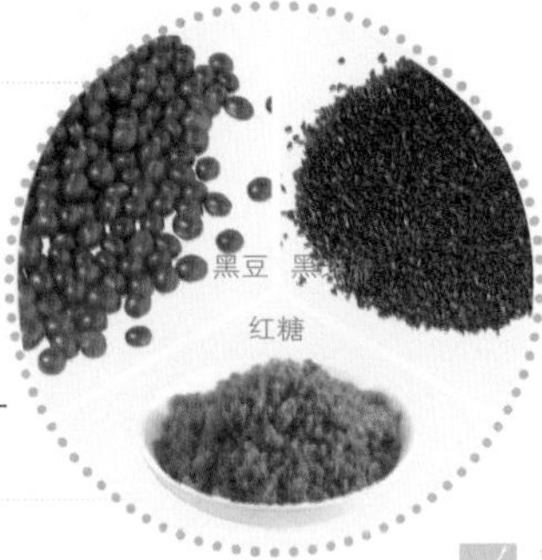

营养成分

膳食纤维	蛋白质	脂肪	碳水化合物
0.2g	0.6g	0.8g	10g
维生素B_1	维生素B_2	维生素E	维生素C
0.2mg	0.1mg	0.6mg	—

食疗功效

黑豆是一种清凉性滋养壮阳药，可祛风除湿、调中下气、活血解毒、利尿、明目。

料理方法

① 黑豆洗净，入锅中煮熟，捞出备用。
② 将黑豆放入果汁机搅打成泥。
③ 加入黑芝麻、红糖拌匀即可。

黑豆档案

产地	性味	归经	保健作用
河南、河北	性平，味甘	肺、脾、胃经	清热解毒、健脾利湿

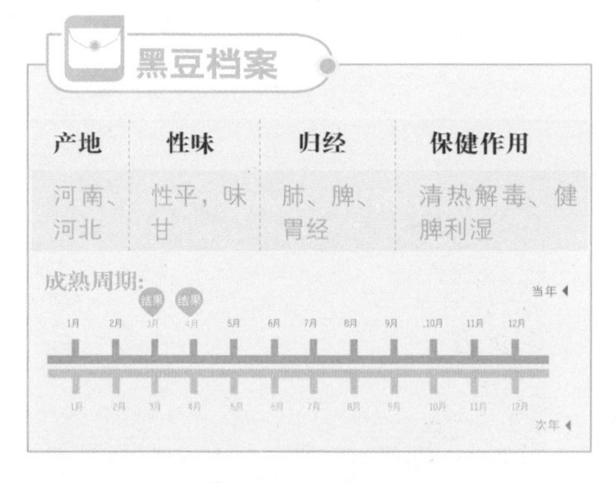

挑选黑豆小窍门

黑豆要颗粒饱满，不要有干瘪，外观要自然黑，没有虫咬。买的时候可以拿张白纸，用黑豆在白纸上划一划，看掉不掉色，掉色的可能是假的。

红豆优酪乳

• 健胃生津，祛湿益气

果汁热量 105kcal

操作方便度：★★★★☆
推荐指数：★★★★☆

蔬果搭配

小红豆………20克
香蕉…………10克
蜂蜜…………10克
酸奶…………200毫升

营养成分

膳食纤维	蛋白质	脂肪	碳水化合物
0.7g	4.2g	0.5g	21g
维生素B_1	维生素B_2	维生素E	维生素C
0.1mg	0.1mg	0.3mg	2.5mg

食疗功效

红豆能促进心脏活化，可健胃生津、祛湿益气，还可补血，增强抵抗力，舒缓经痛。

料理方法

① 将小红豆洗净，入锅中煮熟、煮软备用。
② 香蕉去皮，切成小段。
③ 再将所有材料放入果汁机内搅打成汁即可。

红豆档案

产地	性味	归经	保健作用
河南、河北	性平，味甘、酸	心、小肠、肾经	清热解毒、通利小便

成熟周期：

当年：1月 2月 3月 4月 5月 6月 7月 8月 9月（结果） 10月（结果） 11月 12月

次年：1月 2月 3月 4月 5月 6月 7月 8月 9月 10月 11月 12月

挑选红豆小窍门

首先看豆子上有没有虫眼，然后要挑选颗粒饱满颜色鲜艳的。颜色不鲜艳，品质干瘪者都不能选用。

胡萝卜梨汁

• 消炎祛黄，清肠润肺

果汁热量 119kcal

操作方便度：★★★★☆
推荐指数：★★★★☆

蔬果搭配

梨子…………150克
胡萝卜………150克
柠檬…………50克
冷开水………250毫升

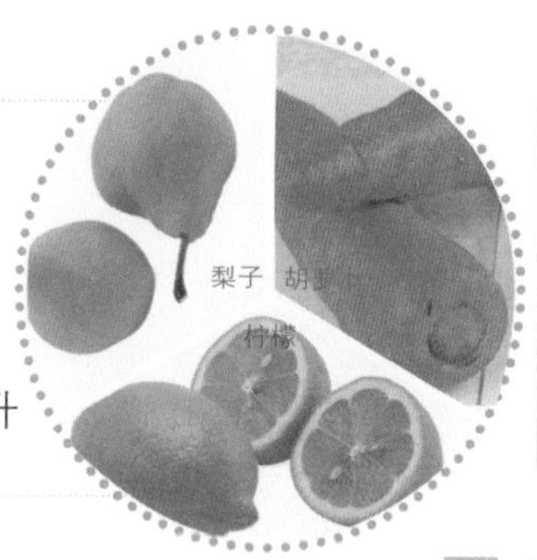

营养成分

膳食纤维	蛋白质	脂肪	碳水化合物
4.4g	2.7g	1.5g	23.6g
维生素B_1	维生素B_2	维生素E	维生素C
0.1mg	0.2mg	4.7mg	42mg

食疗功效

梨子具有消炎效果，有助于改善因为肝炎引发的黄疸，同时加入含有胡萝卜素的胡萝卜，可以增强免疫力，预防癌症。

料理方法

① 将胡萝卜洗干净，去掉外皮，切成小块，备用。

② 梨子洗干净，去掉外皮、去核，切成小块，备用。

③ 将准备好的材料倒入果汁机内搅打2分钟即可。

胡萝卜档案

产地	性味	归经	保健作用
山东、浙江	性平，味甘	肺、脾经	健胃消食、润肠通便

成熟周期：

当年：1月 2月 3月 4月 5月 6月 7月（结果） 8月（结果） 9月（结果） 10月 11月 12月

次年：1月 2月 3月 4月 5月 6月 7月 8月 9月 10月 11月 12月

挑选胡萝卜小窍门

挑选胡萝卜时，不要买太大的，上下粗细差距不大的比较好。也不要买那些看起来很干净的，最好上面还带些泥土，因为过于干净的可能是用水清洗过不宜存放，或者也有可能用某种药水浸泡过。

菠菜胡萝卜汁

- 细致皮肤，预防贫血

果汁热量 27.7kcal

操作方便度：★★★★☆
推荐指数：★★★★★

蔬果搭配

菠菜…………100克
胡萝卜………50克
西芹…………60克
高丽菜………15克

营养成分

膳食纤维	蛋白质	脂肪	碳水化合物
1.1g	1g	0.2g	5.6g
维生素B_1	维生素B_2	维生素E	维生素C
0.1mg	0.1mg	0.6mg	10.5mg

食疗功效

此道蔬果汁预防癌症或动脉硬化效果好，还可防止肌肤粗糙，预防贫血。

料理方法

① 菠菜洗净，去根，切成小段。
② 胡萝卜洗净，去皮，切小块。
③ 高丽菜洗净，撕成小块；西芹洗净，切成小段。
④ 将准备好的材料放入榨汁机榨出汁即可。

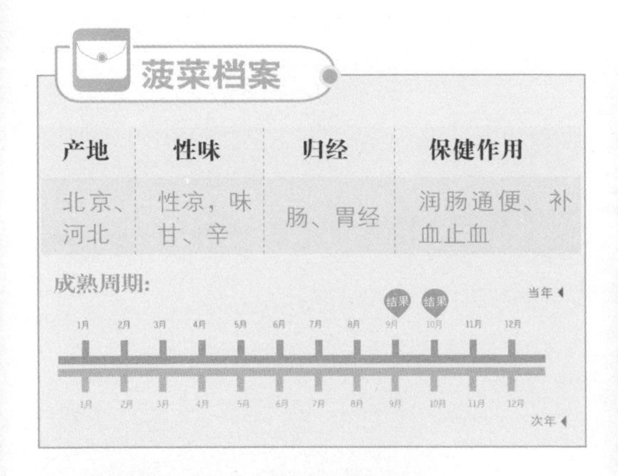

菠菜档案

产地	性味	归经	保健作用
北京、河北	性凉，味甘、辛	肠、胃经	润肠通便、补血止血

挑选菠菜小窍门

挑选菠菜以菜梗红短，叶子新鲜有弹性的为佳。在烹制菠菜时，最好先将菠菜用开水烫一下，可除去80%的草酸，然后再炒，拌或做汤。

橘子

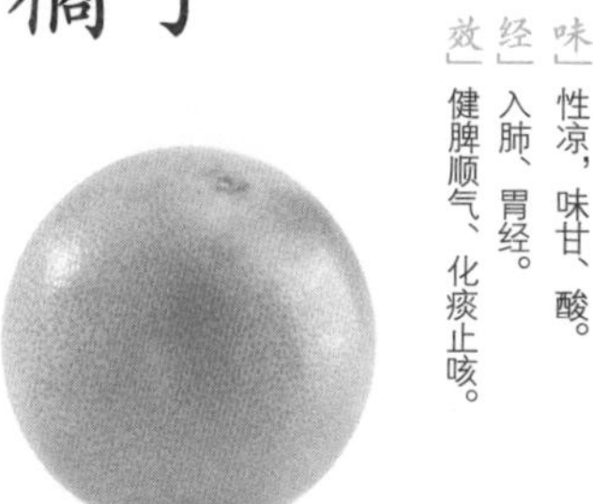

「性味」性凉，味甘、酸。
「归经」入肺、胃经。
「功效」健脾顺气、化痰止咳。

香酸橘子优酪乳

「功效」此饮品具有润肤清体、润肠通便的作用，经常饮用可以为人体补充所需营养。

139页

橘子姜蜜汁

「功效」本果汁中含有丰富的维生素C，有降低血脂和胆固醇的作用。

162页

沙田柚

「性味」性寒，味甘、酸。
「归经」胃经。
「功效」健胃消食、清热化痰。

沙田香柚汁

「功效」本饮品可以预防感冒、塑造美肤、消除疲劳，还可以预防癌症和动脉硬化。

149页

沙田柚草莓汁

「功效」本饮品有助于清除体内的自由基，有延缓衰老的功效，对美白皮肤也有效。

166页

桑葚

「性味」性微寒，味甘、酸。
「归经」心、肝、肾经。
「功效」生津止渴、润肠通便。

苹萝桑葚蜜汁

「功效」本饮品除可以减肥补体外，还可以改善视力、增强抵抗力。

134页

猕猴桃桑葚奶

「功效」本饮品具有润泽肌肤、延缓衰老之功效。

167页

胡萝卜

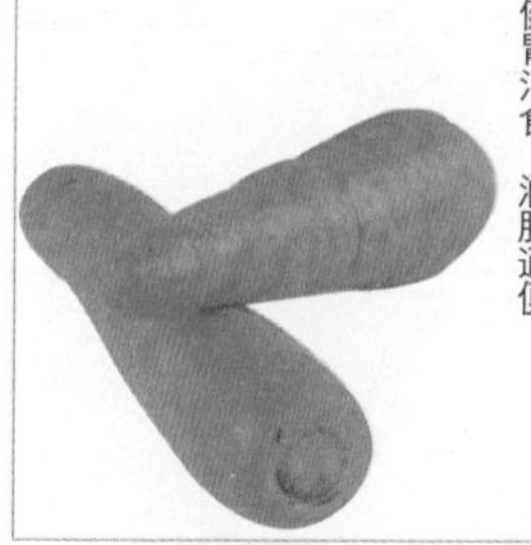

「性味」性平，味甘。
「归经」肺、脾经。
「功效」健胃消食、润肠通便。

胡萝卜橘子奶昔

「功效」胡萝卜含有丰富的活力元素『维生素A』，除此之外还含有可以分解维生素C的酵素，能安定人体神经系统。

138页

胡萝卜梨子汁

「功效」梨子可清热、降火、润肺，加胡萝卜榨汁更可改善肝炎症状、增强身体抵抗力。

148页

莴笋

「性　味」性凉，味甘。
「归　经」肠、胃经。
「功　效」清热利尿、舒筋通络。

草莓双笋汁

「功　效」此饮能清洁血液、利尿、降血压、保护血管，还有预防动脉硬化的功能。

153页

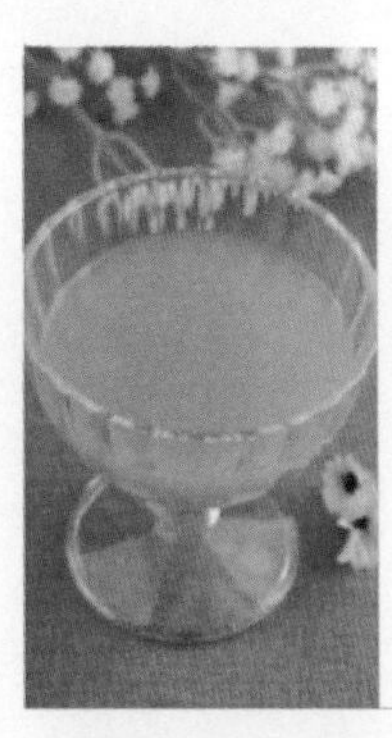

莴笋西芹蔬果汁

「功　效」此蔬果汁富含维生素A、维生素C，满满一杯综合蔬果汁，美容又养颜。

169页

黑芝麻

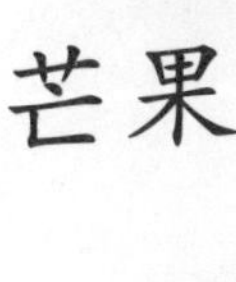

「性　味」性平，味甘。
「归　经」肝、肾、大肠经。
「功　效」润肠通便、补肝益肾。

葡萄芝麻汁

「功　效」葡萄皮和籽可以抗氧化、清除自由基、排除体内毒素，加上芝麻，更能延缓衰老。

171页

黑豆养生汁

「功　效」黑豆是一种清凉性滋养壮阳药，可祛风除湿、调中下气、活血解毒、利尿、明目。

172页

芒果

「性　味」性凉，味甘、酸。
「归　经」肺、脾、胃经。
「功　效」益胃止呕、利尿解渴。

芒果橘子奶

「功　效」芒果营养价值丰富，经常饮用此饮能发挥止渴利尿、消除疲劳的效用。

138页

芒果哈密牛奶

「功　效」这道饮品富含维生素A，可以舒缓眼部疲劳、改善视力。

136页

山竹

「性　味」性微寒，味甘、酸。
「归　经」—
「功　效」止痛止泻、健脾生津。

西红柿胡萝卜汁

「功　效」这款蔬果汁富含维生素A、C，可以改善过敏体质，并可以塑形美容、缓解疲劳。

135页

胡萝卜山竹汁

「功　效」本饮品富含矿物质，对体弱、营养不良以及病后都有很好的调养作用。

165页

第四章·养颜美白蔬果汁

苹果牛奶

仙人掌菠萝汁

酪梨木瓜柠檬汁

活力蔬果汁

香酸苹果薄荷汁

芦荟柠檬果汁

酸甜西芹双萝饮

酸甜菠萝汁

杨桃牛奶香蕉蜜

桂圆芦荟冰糖露

猕猴桃柳橙优酪乳

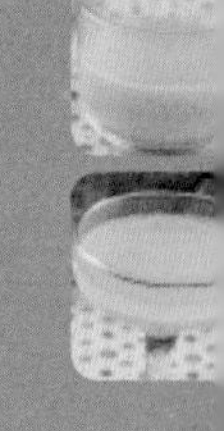

柠檬茭白瓜汁

橘芹花椰汁

由美白亮肤、淡化斑纹、预防粉刺、润泽皮肤四大单元打造的美颜新攻略，让天然的蔬果汁帮你

把多种皮肤问题各个击破，还你水漾透白的美丽容颜。

蔬菜豆腐汁　山楂柠檬莓汁　柠檬芹菜香瓜汁

黄耆李子果奶

美白亮肤：让你的肌肤洁净亮白

生活贴士

花椰菜黄瓜汁中的材料莴苣，在储藏时应该远离苹果、梨以及香蕉，以免莴苣变色，出现赤褐色斑点。

哈密黄瓜荸荠汁

● 清热除烦，美白皮肤

果汁热量 150kcal

操作方便度：★★★★☆
推荐指数：★★★★☆

蔬果搭配

哈密瓜……300克　　黄瓜……400克
荸荠……200克

料理方法

哈密瓜洗净、去皮；黄瓜洗净，切块；荸荠洗净，去皮。将所有材料榨成汁即可。

TIPS 搬动哈密瓜应轻拿轻放，不要碰伤瓜皮，受伤后的瓜很容易变质腐烂。哈密瓜性凉，吃太多会引起腹泻。另外，糖尿病患者应慎食。

食疗功效

哈密瓜含铁量高，对人体造血机能有促进作用，是很好的女性滋补水果。现代医学认为：哈密瓜味甘、性寒，有利小便、除烦止渴、解燥消暑的作用，能治发烧、中暑、口鼻生疮等症。

营养成分

膳食纤维	蛋白质	脂肪	碳水化合物
3.3g	4.7g	0.9g	51.7g
维生素B_1	维生素B_2	维生素E	维生素C
0.3mg	0.1mg	2.4mg	128mg

营养师提醒

✓ 多喝本品能改善皮肤暗黄现象。

✗ 脚气病、腹胀腹泻、产后、病后者，尽量要少喝或不喝。

花椰菜黄瓜汁

● 润滑肌肤，保持身材

果汁热量 61kcal

操作方便度：★★★★☆
推荐指数：★★★★☆

蔬果搭配

莴苣……200克　　花椰菜……60克
黄瓜……100克

料理方法

将莴苣、花椰菜分别洗净；黄瓜洗净后切块。将所有材料放入榨汁机中榨汁，再加入冰块。

食疗功效

黄瓜的主要成分为葫芦素，具有抗肿瘤的作用，也有很好的降血糖效果。它含水量高，是美容的圣品，经常食用可起到延缓皮肤衰老的作用，还可防止口角炎、唇炎，亦可润滑肌肤，让你保持身材苗条。

营养成分

膳食纤维	蛋白质	脂肪	碳水化合物
2.8g	5.9g	1.2g	6.6g
维生素B_1	维生素B_2	维生素E	维生素C
54.1mg	78.1mg	2.9mg	47.6mg

营养师提醒

✓ 一般人均可食用，更适合糖尿病患者食用。

✗ 脾胃虚寒者少吃为宜。

TIPS 莴苣储藏时应远离苹果、梨和香蕉，以免出现赤褐斑点。尿频、胃寒的人应少吃莴苣。

苹果牛奶

果汁热量 300kcal

操作方便度：★★★★☆
推荐指数：★★★☆☆

- 嫩肤美白，改善贫血

蔬果搭配

苹果………150克
鲜奶………200毫升
葡萄干……30克

营养成分

膳食纤维	蛋白质	脂肪	碳水化合物
1g	5.6g	7.5g	95.2g
维生素B_1	维生素B_2	维生素E	维生素C
0.01mg	0.03mg	211.5mg	13mg

食疗功效

此饮能嫩肤美白，改善贫血，消除疲劳。若用无核、较干的葡萄干搅拌效果更佳。若不适合喝牛奶可用酸奶或豆浆替代。

料理方法

① 将苹果洗净，去皮、去核，切小块，放入果汁机里。

② 再将葡萄干、鲜奶一起放入，搅匀即可。

葡萄干档案

产地	性味	归经	保健作用
新疆	性平，味甘、酸	肝、肾经	补益肝肾、通利小便

成熟周期：全年均有

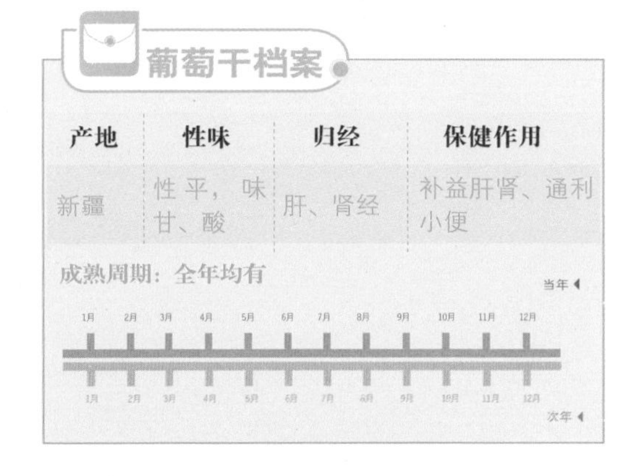

挑选葡萄干小窍门

好坏葡萄干在区分时，除了通过色泽来分辨之外，还要看葡萄干颗粒的大小、饱满程度，通常好的葡萄干颜色不是特别绿，而是自然绿再泛点黄，色泽也不是特别鲜亮，一般颜色太绿或者色泽太鲜亮的都是经过加工处理的。

清体 纤体 补体 健康养颜

仙人掌菠萝汁

- 健胃补脾，养颜护肤

果汁热量 55kcal

操作方便度：★★★☆☆
推荐指数：★★★★☆

蔬果搭配

菠萝…………50克
冰糖…………15克
仙人掌………150克

营养成分

膳食纤维	蛋白质	脂肪	碳水化合物
1.9g	1.2g	0.9g	5.2g
维生素B_1	维生素B_2	维生素E	维生素C
0.1mg	0.1mg	—	27.9mg

食疗功效

能降血糖、血脂、血压，促进新陈代谢。不仅健胃补脾、清喉润肺、养颜护肤，对肝癌、糖尿病、支气管炎等还有治疗作用。

料理方法

① 仙人掌洗净，去皮。

② 菠萝也洗净，去皮，切块。

③ 再将仙人掌、菠萝放入榨汁机内榨汁。

④ 最后在蔬果汁中加入少许冰糖，调匀即可。

仙人掌档案

产地	性味	归经	保健作用
云南	性寒，味苦、涩	心、肺、胃经	清热解毒、行气活血

成熟周期：全年均有

当年 1月 2月 3月 4月 5月 6月 7月 8月 9月 10月 11月 12月

次年 1月 2月 3月 4月 5月 6月 7月 8月 9月 10月 11月 12月

制作仙人掌小窍门

仙人掌像芦荟一样，在切割后会分泌较多黏液，影响菜肴的形态和口感，可以在切好后用盐腌15分钟，清水漂净再烹饪。还有一种方法是在加了小苏打和盐的沸水中热烫。

酪梨木瓜柠檬汁

果汁热量 202kca

操作方便度：★★★★☆
推荐指数：★★★☆☆

• 消除细纹，延缓衰老

◎ 材料

酪梨100克，木瓜80克，柠檬20克，冰块少许。

◎ 做法

① 将酪梨、木瓜洗净，切块。② 柠檬切成片。
③ 将酪梨、木瓜、柠檬放入榨汁机中榨出汁。
④ 向果汁中加入少许冰块即可。

◎ 食疗作用

此道蔬果汁可以提高皮肤抗氧化能力，消除细纹。

营养成分

膳食纤维	蛋白质	脂肪	碳水化合物
2.7g	2.3g	15.3g	12.4g

活力蔬果汁

果汁热量 436kcal

操作方便度：★★★☆☆
推荐指数：★★☆☆☆

• 美白润肤，消除斑点

◎ 材料

小黄瓜200克，胡萝卜100克，柠檬30克，柳橙80克，蜂蜜10克。

◎ 做法

① 小黄瓜与胡萝卜均洗净，去皮，切成块，再放入果汁机中搅打。② 把柠檬洗净，切成片状。③ 柳橙洗净去皮，与柠檬一起放入榨汁机内榨汁。④ 最后，两样果汁都倒入杯中，加入蜂蜜调匀即可。

◎ 食疗作用

能美白润肤，消除斑点、痘痘及粉刺，使皮肤光滑雪白。

营养成分

膳食纤维	蛋白质	脂肪	碳水化合物
1.6g	1.8g	0.5g	10g

香酸苹果薄荷汁

操作方便度：★★★★☆
推荐指数：★★★☆☆

• 补益虚损，闪亮肌肤

◎ 材料

柠檬10克，苹果100克，薄荷8克，西芹150克。

◎ 做法

① 将苹果、薄荷、西芹、柠檬洗净。② 将苹果去皮、去核之后，切成块状。③ 西芹切成小段。④ 最后，再将所有材料放入榨汁机中，打成原汁即可。

◎ 食疗作用

此饮可补血、补气、健胃整肠。对气虚型的黑眼圈有淡化作用。

营养成分

膳食纤维	蛋白质	脂肪	碳水化合物
6.4g	5.1g	0.3g	17.5g

芦荟柠檬果汁

果汁热量 130kcal

操作方便度：★★★☆☆
推荐指数：★★★★☆

• 促进消化，亮白皮肤

◎ 材料

芦荟120克，柠檬50克，胡萝卜70克，冰块少许。

◎ 做法

① 芦荟洗净削皮。② 柠檬洗净后切片。③ 胡萝卜洗净，削去表皮，切块。④ 将所有材料榨成汁倒入杯中，加少许冰块即可。

◎ 食疗作用

有抗炎和止痛作用，对脂肪代谢、胃肠功能、排泄系统都有很好的调节作用。

营养成分

膳食纤维	蛋白质	脂肪	碳水化合物
8.8g	5g	1.9g	75g

酸甜西芹双萝饮

果汁热量 170kcal

操作方便度：★★★★☆
推荐指数：★★★☆☆

- 滋养肌肤，美白无限

蔬果搭配

菠萝………120克
柠檬………30克
蜂蜜………20克
胡萝卜……300克
西芹………30克

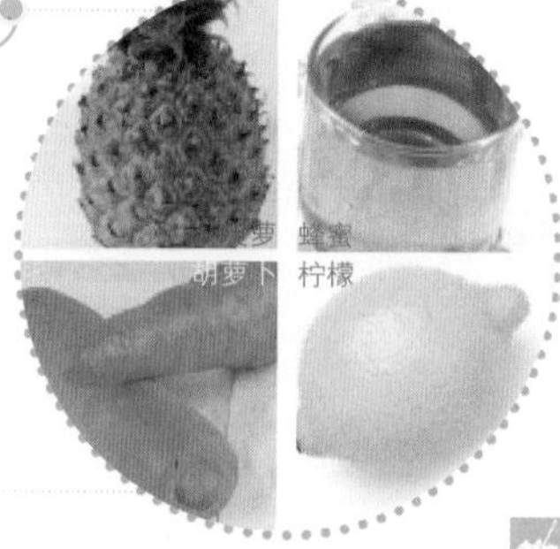

营养成分

膳食纤维	蛋白质	脂肪	碳水化合物
1.2g	1.2g	1.2g	19.2g
维生素B_1	维生素B_2	维生素E	维生素C
0.1mg	0.1mg	0.6mg	46mg

食疗功效

此饮可滋养、美白肌肤，防止皮肤干裂。

料理方法

① 将菠萝洗净，去皮，切块；柠檬切片；胡萝卜洗净，切块；西芹洗净，切段。

② 把除了蜂蜜以外的所有材料，均放入榨汁机中榨汁。

③ 最后，将果汁倒入杯中，加入蜂蜜搅匀即可。

菠萝档案

产地	性味	归经	保健作用
广西、福建	性平，味甘	肺、胃经	清热解暑、消食止泻

成熟周期：

当年：1月 2月 3月 4月（结果） 5月（结果） 6月 7月 8月 9月 10月 11月 12月

次年：1月 2月 3月 4月 5月 6月 7月 8月 9月 10月 11月 12月

食用菠萝小窍门

有些人食用菠萝会有过敏反应，其实在吃之前把菠萝切成片或块放在盐水中浸泡30分钟，然后再洗去咸味，就可以达到消除过敏性物质的目的，还会使菠萝味道变得更加甜美。

酸甜菠萝汁

果汁热量 100kcal

操作方便度：★★★★☆
推荐指数：★★★★☆

• 滋润皮肤，美白养颜

蔬果搭配

菠萝·········100克
柠檬·········30克
蜂蜜·········20克
冷开水······400毫升

营养成分

膳食纤维	蛋白质	脂肪	碳水化合物
1.1g	1.1g	1.1g	18.7g
维生素B_1	维生素B_2	维生素E	维生素C
0.1mg	0.04mg	0.6mg	44.4mg

食疗功效

此饮可以滋润皮肤，美白养颜。

料理方法

① 将柠檬洗净，切开去皮；菠萝去皮，切块，一起放入调理杯中备用。

② 将冷开水200毫升、蜂蜜和冰块倒入果汁机中，搅拌成果泥状。

③ 加入200毫升冷开水，一起调匀成果汁，倒入杯中即可。

蜂蜜档案

产地	性味	归经	保健作用
各地均有	性平，味甘	肺、脾、胃经	润肠通便、润肤生肌

成熟周期：全年均有

当年 1月 2月 3月 4月 5月 6月 7月 8月 9月 10月 11月 12月
次年 1月 2月 3月 4月 5月 6月 7月 8月 9月 10月 11月 12月

菠萝削皮小窍门

切掉菠萝的底端，使其能竖立在砧板上，然后用尖角水果刀一条一条地挖掉残留在果肉内的菠萝刺。每次挖的深度要足够，以免留下果皮。

生活贴士

火龙果很少有病虫害，不使用农药就能正常生长。因此，火龙果是一种环保且具有食疗作用的食品。

嫩肤乳酸菌饮品

● 抑制老化，润泽皮肤

果汁热量 165kcal

操作方便度：★★★★☆
推荐指数：★★★☆☆

蔬果搭配

乳酸菌饮料……100毫升　西红柿……150克
香蕉……100克　开水……适量

料理方法

将西红柿洗净后切块，香蕉去皮。将西红柿、香蕉与乳酸菌饮料、开水放入榨汁机中打成汁。

TIPS 此饮可抗老化，润泽皮肤，更可帮助排便，使血管胆固醇降低，让血管不堵塞。

食疗功效

可止渴，对食欲不振有辅助治疗作用，对肾炎病人有食疗作用，常吃能使皮肤细滑白皙，可延缓衰老。

营养成分

膳食纤维	蛋白质	脂肪	碳水化合物
1.2g	4.4g	3.1g	24.9g
维生素B_1	维生素B_2	维生素E	维生素C
0.1mg	0.1mg	0.3mg	4mg

营养师提醒

✓ 西红柿富含茄红素，能抗氧化、防癌，且对动脉硬化患者有很好的食疗作用。

✗ 青色的西红柿不宜食用，胃酸过多者，空腹时不宜吃西红柿，因为西红柿中含有大量的氨质、果质和可溶性收敛剂等，食后会引起胃胀痛。

卷心菜火龙果汁

● 调理肠胃，美容上品

果汁热量 93kcal

操作方便度：★★★★☆
推荐指数：★★★★☆

蔬果搭配

卷心菜……100克　火龙果……120克
冰糖……10克　水……适量

料理方法

将火龙果洗净，去皮，切碎块。卷心菜洗净，剥成小片。 将上述材料放入榨汁机中，加开水、冰糖，打成汁即可。

食疗功效

火龙果是一种美容、保健圣品，且有较高的药用价值。现代医学及中医均认为：火龙果对咳嗽、气喘和各种现代疾病有很好的疗效，还可预防便秘，防老年病变，抑制肿瘤等，对重金属中毒还具有解毒功效。

营养成分

膳食纤维	蛋白质	脂肪	碳水化合物
2.8g	2.2g	0.5g	58.6g
维生素B_1	维生素B_2	维生素E	维生素C
0.1mg	0.1mg	0.5mg	45.5mg

营养师提醒

✓ 火龙果很少有病虫害，不使用农药就可正常生长。因此，火龙果是一种环保、具疗效的保健营养食品。

✗ 糖尿病人少吃为好。

TIPS 此道蔬菜汁是健胃整肠、养颜美容的佳品。

杨桃牛奶香蕉蜜

• 美白肌肤，消除皱纹

果汁热量 280kcal

操作方便度：★★★★☆

推荐指数：★★★☆☆

◎ 材料

杨桃80克，牛奶200毫升，香蕉100克，柠檬30克，冰糖10克。

◎ 做法

① 将杨桃洗净，切块；香蕉去皮；柠檬切片。② 将杨桃、香蕉、柠檬、牛奶放入果汁机中，搅打均匀。③ 最后在果汁中加入少许冰糖调味即可。

◎ 食疗作用

此饮能美白肌肤，消除皱纹，改善干性或油性肌肤。榨汁前，应用软毛刷先将杨桃刷洗干净，榨出的果汁味道会更好。

营养成分

膳食纤维	蛋白质	脂肪	碳水化合物
3.1g	8.6g	6.8g	137g

桂圆芦荟冰糖露

• 白里透红，与众不同

果汁热量 346kcal

操作方便度：★★★★☆

推荐指数：★★★☆☆

◎ 材料

桂圆80克，芦荟100克，冰糖15克，开水300毫升。

◎ 做法

① 将桂圆洗净，剥去外壳，取肉；芦荟洗净，去皮。② 桂圆入小碗中，加沸水，加盖焖约5分钟，让它软化，放冷。③ 将准备好的材料放入果汁机中，加开水，快速搅拌，再加入适量冰糖即可。

◎ 食疗作用

芦荟有消肿止痛、止痒的功效，可以滋润皮肤，防止皱纹产生；桂圆可补血，两者合服，有使脸色更红润的神奇效果。

营养成分

膳食纤维	蛋白质	脂肪	碳水化合物
5.9g	2.4g	0.2g	117.2g

猕猴桃柳橙优酪乳

操作方便度：★★★★☆

推荐指数：★★☆☆☆

• 修护肌肤，保持亮泽

材料

猕猴桃80克，柳橙80克，酸奶130克。

做法

① 将柳橙洗净，去皮。② 猕猴桃洗净，切开取出果肉。③ 将柳橙、猕猴桃果肉及酸奶一起放入果汁机中搅拌均匀即可。

食疗作用

此饮可以修护皮肤，并保持肌肤色泽，使皮肤洁净白皙，看起来白里透红。

营养成分

膳食纤维	蛋白质	脂肪	碳水化合物
3.2g	5.5g	4.5g	27.7g

柠檬茭白瓜汁

果汁热量 108kcal

操作方便度：★★★★☆

推荐指数：★★★★☆

• 嫩白保湿，淡化雀斑

材料

柠檬30克，茭白150克，香瓜60克，猕猴桃50克。

做法

① 柠檬连皮切三块；茭白笋洗净。② 香瓜去皮和种子，切块。③ 猕猴桃削皮后对切为二。④将柠檬、猕猴桃、茭白笋、香瓜依序放入榨汁机中榨汁，再加冰块即可。

食疗作用

此饮能嫩白保湿、淡化雀斑、清热解毒、除烦解渴。榨汁机里先放入冰块，可以防止榨汁过程中产生泡沫。

营养成分

膳食纤维	蛋白质	脂肪	碳水化合物
6.2g	3.5g	3.9g	84.4g

淡化斑纹：斑纹淡化消失，肌肤重现水嫩光泽

生活贴士

在服用某些抗精神疾病类药物及抗霉菌剂期间，要避免食用葡萄柚，因为葡萄柚中含有的类黄酮会让药物大量积存在血液内，从而导致副作用。

蒲公英葡萄柚汁

● 祛除斑纹，消肿散结

果汁热量 95kcal

操作方便度：★★★★☆
推荐指数：★★★★☆

蔬果搭配

柠檬……50克　　蒲公英叶子……50克
葡萄柚……80克　　冰……少许

料理方法

柠檬洗净切片；蒲公英叶子洗净；葡萄柚剥皮，去果瓤。将冰放进榨汁机内。将柠檬、葡萄柚依次放入榨汁机中榨成汁，搅匀即可。

TIPS 选原材料时，以野生的蒲公英嫩叶为佳。

食疗功效

大量研究表明，蒲公英具有抑菌和明显杀菌作用，对金黄色葡萄球菌、伤寒杆菌、痢疾杆菌有抑制和杀灭作用，还具有清热解毒、消肿散结、利尿、健胃、消炎等作用，有“天然抗生素”之美称。

营养成分

膳食纤维	蛋白质	脂肪	碳水化合物
1.1g	2.7g	3.6g	32.5g
维生素B_1	维生素B_2	维生素E	维生素C
—	—	—	23mg

营养师提醒

✓ 蒲公英味道较苦，可斟酌加入蜂蜜。

✗ 经常食用可防止上火、燥热。

草莓葡萄柚黄瓜汁

● 淡化斑点，清肝利胆

果汁热量 91kcal

操作方便度：★★★★☆
推荐指数：★★★★☆

蔬果搭配

草莓……50克　　黄瓜……50克
葡萄柚……80克　　柠檬……50克

料理方法

将草莓洗净、去蒂；去除葡萄柚的果瓤，取种子，留果肉；黄瓜洗净，切块。将草莓、黄瓜、葡萄柚、柠檬放入榨汁机中榨成汁即可。

食疗功效

葡萄柚中含有非常丰富的柠檬酸、钠、钾和钙，而柠檬酸有助于肉类的消化。葡萄柚中的类黄酮能有效抑制正常细胞发生癌变，经常食用葡萄柚可以增强身体抵抗力。

营养成分

膳食纤维	蛋白质	脂肪	碳水化合物
1.2g	1.1g	3.2g	35.2g
维生素B_1	维生素B_2	维生素E	维生素C
0.1mg	0.1mg	0.4mg	22mg

营养师提醒

✓ 在暴饮暴食后吃一些葡萄柚能促进消化。

✗ 在服用某些抗精神疾病类药物及抗霉菌剂期间，忌食葡萄柚，因为葡萄柚中含有的类黄酮会让药物大量积存在血液内，可能会导致副作用。

TIPS 此饮可清肝利胆，淡化斑点。

橘芹花椰汁

果汁热量 168kcal

操作方便度：★★★☆☆

推荐指数：★★★☆☆

• 降压安神，皮肤亮泽

蔬果搭配

绿花椰菜···100克

苹果·········100克

橘子·········80克

芹菜·········80克

果糖·········10克

冷开水······250毫升

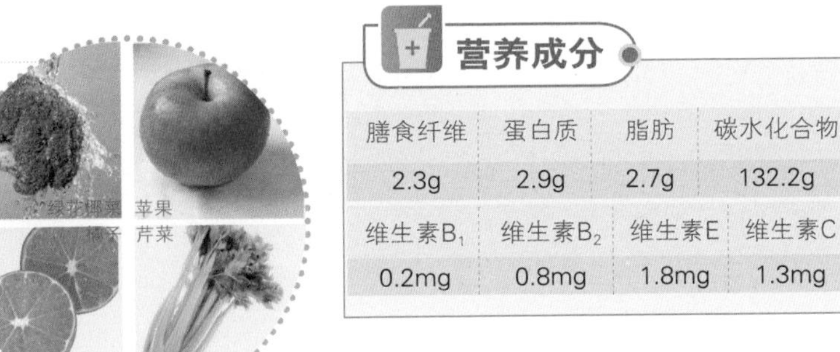

营养成分

膳食纤维	蛋白质	脂肪	碳水化合物
2.3g	2.9g	2.7g	132.2g
维生素B_1	维生素B_2	维生素E	维生素C
0.2mg	0.8mg	1.8mg	1.3mg

料理方法

① 橘子去籽，苹果去核，切块。

② 芹菜洗净切段；花椰菜切块。

③ 橘子、苹果、花椰菜、芹菜放入榨汁机中榨汁。

④ 将汁倒入果汁机中加果糖、冷开水高速搅打即可。

食疗功效

此饮可以保护眼睛，改善视力，同时还能降压安神、清热利尿。

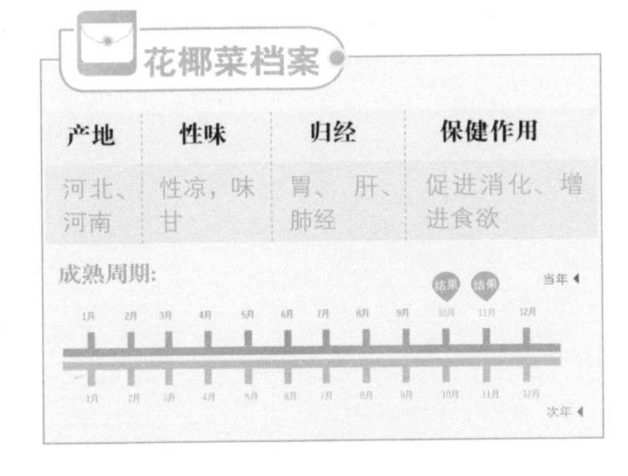

花椰菜档案

产地	性味	归经	保健作用
河北、河南	性凉，味甘	胃、肝、肺经	促进消化、增进食欲

挑选花椰菜小窍门

看花球的成熟度，以花球周边未散开的为好。花球的色泽，以深绿、无异味、无毛花的为佳。

黄耆李子果奶

果汁热量 96kcal

操作方便度：★★★★☆
推荐指数：★★★★☆

- 补气美白，减肥润肤

蔬果搭配

黄耆………25克
李子………20克
冰糖………15克
鲜奶………150克

营养成分

膳食纤维	蛋白质	脂肪	碳水化合物
0.9g	4.7g	3.9g	29g
维生素B_1	维生素B_2	维生素E	维生素C
0.1mg	0.1mg	1mg	7mg

食疗功效

补气固体、利尿排毒、排脓、敛疮生肌。

料理方法

① 将黄耆加水煮开，再转小火煎20分钟后过滤，放凉，制成冰块备用。
② 将李子洗净，切块，备用。
③ 将李子与冰糖、鲜奶一起放入果汁机中打成汁，再加冰块即可。

李子档案

产地	性味	归经	保健作用
河北、河南	性平，味甘、酸	肝、肾经	生津止渴、除热利水

成熟周期：

当年：1月 2月 3月 4月 5月 6月 7月（结果） 8月（结果） 9月 10月 11月 12月

次年：1月 2月 3月 4月 5月 6月 7月 8月 9月 10月 11月 12月

挑选李子小窍门

挑选李子的时候最好选颜色深红、表面没有虫蛀的，触摸起来果品紧实，如果捏起来手感很软，说明马上就要腐烂。另有一种说法就是：古人认为把李子放在水里，飘起来的是不能吃的。

蔬菜豆腐汁

果汁热量 75kcal

操作方便度：★★★★☆
推荐指数：★★★★☆

• 除斑美容，肌肤亮白

◎ 材料

西红柿80克，芹菜20克，嫩豆腐70克，柠檬50克，蜂蜜15克，冷开水250毫升。

◎ 做法

① 西红柿切块；芹菜切2厘米～3厘米长，榨成汁；豆腐适度切块，柠檬去皮切块。② 西红柿、芹菜汁倒入果汁机中，加豆腐、柠檬、蜂蜜、冷开水，以高速搅打60秒即可。③ 如果味道太浓可以多加水。

营养成分

膳食纤维	蛋白质	脂肪	碳水化合物
2g	7.3g	4.9g	49.3g

◎ 食疗作用

此饮可嫩肤美白，生津解毒，除斑纹。肠胃不佳者不宜空腹饮用。

山楂柠檬莓汁

果汁热量 100kcal

操作方便度：★★★★☆
推荐指数：★★★★☆

• 赶走斑纹，宛若新生

◎ 材料

山楂50克，草莓40克，柠檬20克，水100克，冰糖10克。

◎ 做法

① 将山楂洗净，装入纱布袋中，入锅，加水，用大火煮开，再转小火煮30分钟，放凉。② 把草莓、柠檬、冷开水放入果汁机内打2分钟成汁。③ 再往山楂液中加入冰糖调味。

◎ 食疗作用

山楂可降低血液中甘油三酯的含量，是小腹凸出者去油减重的最佳选择。柠檬有助于皮肤保持光洁细致；饮用此品可美白亮颜。

营养成分

膳食纤维	蛋白质	脂肪	碳水化合物
2.1g	0.8g	0.4g	66g

柠檬芹菜香瓜汁

101kcal

操作方便度：★★★★☆
推荐指数：★★★★☆

• 淡化黑斑，清除雀斑

营养成分

膳食纤维	蛋白质	脂肪	碳水化合物
2g	1.8g	1.3g	41.5g

材料

柠檬50克，芹菜30克，香瓜80克，冰块适量。

做法

① 将柠檬洗净切片。② 香瓜对切为二，削皮，去种子切块。③ 芹菜洗净备用。④ 将芹菜整理成束，放入榨汁机，再将香瓜、柠檬放入，一起榨汁。⑤ 蔬果汁中加入冰块即可。

食疗作用

此饮品可淡化黑斑、雀斑，对晒伤具有一定的疗效。

酪梨柠檬橙汁

果汁热量 616kcal

操作方便度：★★★★☆
推荐指数：★★☆☆☆

• 延缓衰老，黑斑不见

材料

酪梨300克，柳橙50克，柠檬50克。

做法

① 将酪梨洗净，去皮与籽，切成小块。② 柳橙洗净，去皮；柠檬切片。③ 把酪梨、柳橙、柠檬放入果汁机中，加适量水，搅匀即可。

食疗作用

此饮可以预防皱纹、黑斑。

营养成分

膳食纤维	蛋白质	脂肪	碳水化合物
6.5g	6.6g	51.1g	84.9g

生活贴士

橘子最好不要空腹食用，吃多了还会产生咽喉干痛、便秘等症状，另外，脾胃虚寒的人应该少吃橘子，以免诱发腹痛。

酸甜木瓜蜜汁

● 祛除斑纹，消肿散结

果汁热量 107kcal

操作方便度：★★★★☆
推荐指数：★★★★☆

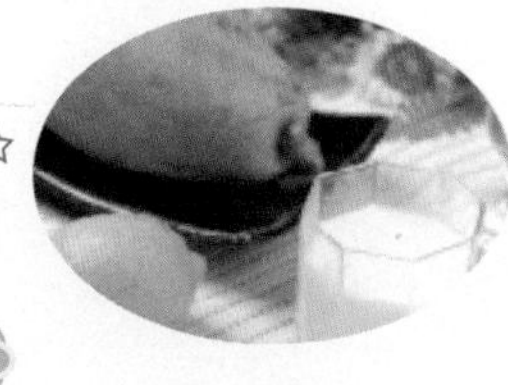

蔬果搭配

木瓜……180克　　蜂蜜……10克
牛奶……15克　　冰块……适量
柠檬……10克

料理方法

木瓜洗净，去种子，切成小块；柠檬切块。牛奶、柠檬，蜂蜜放入杯中，搅拌约10秒，再加冰块继续搅拌，将切好的木瓜块放入杯中即可。

TIPS 此果汁甜味较重，糖尿病人慎食。

食疗功效

中医认为木瓜能理脾和胃、平肝舒筋，为治转筋、腿痛、脚气的良药。临床上常用木瓜治疗风湿性关节炎、消化不良等疾病。而现代医学研究认为，木瓜所含的齐墩果成分具有护肝、抗炎抑菌、降低血脂等功效。

营养成分

膳食纤维	蛋白质	脂肪	碳水化合物
2.1g	1.6g	1g	54.1g
维生素B_1	维生素B_2	维生素E	维生素C
0.1mg	0.1mg	1.1mg	110.1mg

营养师提醒

✓ 经常食用能软化血管、抗衰养颜、防癌、增强体质。

✗ 做熟的木瓜往往会失去其营养价值，所以市面上做的木瓜菜肴是不科学的。

橘子蜂蜜豆浆

● 嫩白肌肤，消斑美容

果汁热量 155kcal

操作方便度：★★★★☆
推荐指数：★★★★☆

蔬果搭配

橘子……250克　　蜂蜜……10克
豆浆……200毫升　　冰块……15克

料理方法

剥去橘子皮，去除果囊和种子。豆浆和蜂蜜倒入果汁机中，充分搅拌，打开盖，放入三块冰继续搅拌；放入橘子，搅拌30秒即可。

食疗功效

橘子具有润肺、止咳、化痰、健脾、顺气、止渴的药效，尤其对老年人、急慢性支气管炎以及心血管病患者来说都是不可多得的健康水果。橘子还有降低人体中血脂和胆固醇的作用。

营养成分

膳食纤维	蛋白质	脂肪	碳水化合物
2.2g	3.7g	2.7g	73.5g
维生素B_1	维生素B_2	维生素E	维生素C
0.1mg	0.1mg	1.6mg	5mg

营养师提醒

✓ 冬季咳嗽时可以适量吃些橘子以缓解咳喘。

✗ 橘子多吃会有咽喉干痛、便秘等症状，另外，橘子最好不要空腹吃。脾胃虚寒的老人不可多吃，以免诱发腹痛、腰膝酸软等病状。

TIPS 橘子汁可用豆浆调味，但避免过度搅拌。

草莓蒲公英汁

果汁热量 213kcal

操作方便度：★★★★☆

推荐指数：★★★☆☆

• 皮肤嫩滑，白里透红

蔬果搭配

草莓·········100克

蒲公英······50克

猕猴桃······50克

柠檬·········50克

冰块·········10克

营养成分

膳食纤维	蛋白质	脂肪	碳水化合物
5.4g	4.6g	6.3g	50.5g
维生素B_1	维生素B_2	维生素E	维生素C
0.1mg	0.1mg	1.7mg	709mg

食疗功效

此饮能淡化黑斑、雀斑，改善皮肤粗糙等问题。

料理方法

① 将草莓洗净，去蒂；猕猴桃剥皮后对切为二；柠檬切成3块；蒲公英洗净。

② 将草莓、蒲公英、猕猴桃和柠檬放入榨汁机。

③ 加入冰块即可。

蒲公英档案

产地	性味	归经	保健作用
河北、河南	性寒，味甘、微苦	胃、肝、肺经	清热解毒、消肿散结

成熟周期：结果 3月、4月、5月、6月

当年 1月 2月 3月 4月 5月 6月 7月 8月 9月 10月 11月 12月

次年 1月 2月 3月 4月 5月 6月 7月 8月 9月 10月 11月 12月

食用蒲公英小窍门

凉拌：洗净的蒲公英用沸水焯1分钟，沥出，用冷水冲一下。佐以辣椒油、味素、盐、香油、醋、蒜泥等即可食用。

柠檬菠菜柚汁

果汁热量 144kcal

操作方便度：★★★★☆
推荐指数：★★★★☆

• 淡化黑斑，美白肌肤

蔬果搭配

柠檬………50克
菠菜………100克
柚子………120克
冰块………少许

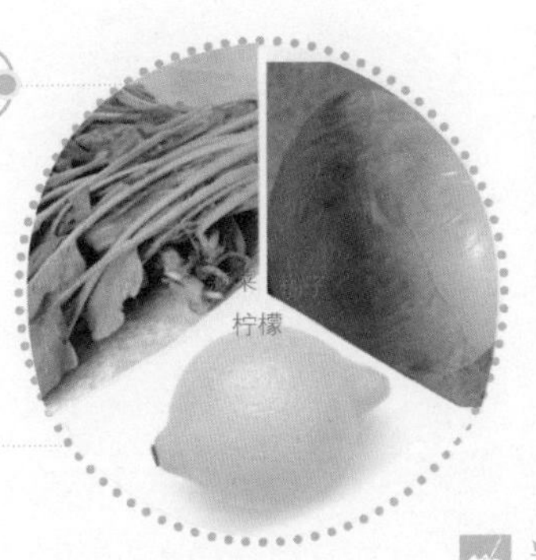

营养成分

膳食纤维	蛋白质	脂肪	碳水化合物
2.7g	3.8g	4.2g	46.5g
维生素B_1	维生素B_2	维生素E	维生素C
0.1mg	0.1mg	0.7mg	23mg

食疗功效

此饮能够改善皮肤粗糙症状、淡化黑斑、美白肌肤。

菠菜档案

产地	性味	归经	保健作用
北京、河北	性凉，味甘、辛	肠、胃经	润肠通便、补血止血

成熟周期：

当年：1月 2月 3月 4月 5月 6月 7月 8月 9月（结果） 10月（结果） 11月 12月

次年：1月 2月 3月 4月 5月 6月 7月 8月 9月 10月 11月 12月

储存菠菜小窍门

菠菜极易腐烂，只要在冰点以上（接近0℃），温度愈低，储存期限愈长，接近0℃储存，约可存放三周。随着储存温度升高，储存期限迅速缩短。

料理方法

① 将柠檬洗净后连皮切三块。

② 柚子去皮后去除果瓤及种子。

③ 菠菜洗净，折弯。

④ 将柠檬、菠菜、柚子肉放入榨汁机内榨汁，再加冰块即可。

木瓜柳橙优酪乳

• 死皮消失，光彩焕颜

果汁热量 180kcal

操作方便度：★★★★☆
推荐指数：★★★☆☆

◎ 材料

木瓜100克，柳橙50克，柠檬30克，酸奶120毫升。

◎ 做法

① 将木瓜去皮、去籽，切小块。② 柳橙切半，榨汁。③ 柠檬榨出汁。④ 将木瓜、柳橙汁、柠檬汁、酸奶放入果汁机里打匀即可。

◎ 食疗作用

促进皮肤的新陈代谢，使皮肤保持光滑细腻，抵抗紫外线，防止斑点生成。木瓜有收缩子宫的作用，可能导致流产，所以孕妇不宜。

营养成分

膳食纤维	蛋白质	脂肪	碳水化合物
1.2g	2.8g	8.4g	31.4g

柳橙柠檬蜜汁

• 预防雀斑，降火解渴

果汁热量 153kcal

操作方便度：★★★★☆
推荐指数：★★★★☆

◎ 材料

柳橙150克，柠檬50克，蜂蜜10克。

◎ 做法

① 将柳橙洗净，切半，用榨汁机榨出汁倒出。② 将柠檬放入榨汁机中榨成汁。③ 将柳橙汁与柠檬汁及蜂蜜混合，拌匀即可。

◎ 食疗作用

预防雀斑，降火解渴。缺铁性贫血者（贫血、地中海贫血）不宜饮此果汁，因为柳橙会影响人体对铁的吸收。

营养成分

膳食纤维	蛋白质	脂肪	碳水化合物
0.7g	1.2g	3.7g	72.5g

草莓紫苏橘汁

134kcal

操作方便度：★★★★☆
推荐指数：★★★★☆

• 消斑祛皱，青春永驻

材料

草莓120克，紫苏叶15克，橘子50克，柠檬50克，冰块少许。

做法

① 将草莓洗净，去蒂；橘子、柠檬洗净，连皮切成四块。② 将敲碎的冰块放进榨汁机容器里。③ 将柠檬、草莓及橘子榨成汁，重叠几片紫苏叶，卷成卷，放入榨汁机，榨成汁即可。

营养成分

膳食纤维	蛋白质	脂肪	碳水化合物
10g	1.7g	5g	57.8g

食疗作用

此饮可以淡化雀斑、黄褐斑，缓解糖尿病症状。

柠檬牛蒡柚汁

果汁热量 168kcal

操作方便度：★★★★☆
推荐指数：★★★☆☆

• 滋润皮肤，淡化斑点

材料

柠檬50克，牛蒡100克，柚子100克，冰块少许，食盐0.5克。

做法

① 将柠檬连皮切成三块；牛蒡洗净，切成可放入榨汁机的长度。② 柚子除去果瓤和种子备用。③ 将柠檬、柚子和牛蒡放进榨汁机，榨成汁。④ 在果汁中加入冰块，再加入食盐调味即可。

食疗作用

此款蔬菜汁可以淡化斑点、滋润皮肤。

营养成分

膳食纤维	蛋白质	脂肪	碳水化合物
3.3g	5.7g	4.4g	44.9g

防治粉刺：告别青春痘的烦恼

生活贴士

饮用菠菜汁的时候，要避免食用豆制品、海米、海带等食物。另外，脾胃虚寒者应该少吃菠菜，肾结石患者应该做到不吃。

草莓蜜瓜菠菜汁

● 泻火下气，消除痘痘

果汁热量 95kcal

操作方便度：★★★★☆
推荐指数：★★★★☆

蔬果搭配

草莓……50克　　菠菜……50克
蜜瓜……120克　　蜜柑……50克
冰块……少许

料理方法

将草莓洗净，去蒂；蜜瓜去皮，切成块。蜜柑剥皮后去除种子。菠菜洗净备用。将草莓、蜜柑、菠菜、蜜瓜放进榨汁机中压榨成汁。

TIPS 菠菜可包入豆芽，一起榨汁，效果不错。

食疗功效

菠菜能滋阴润燥、通利肠胃、补血止血、泻火下气。对肠胃失调、肠燥便秘以及肠结核、痔疮、贫血、高血压等症均有疗效。吃菠菜可保持视力正常和上皮细胞健康，增强抵抗力。对预防口腔炎、皮炎、阴囊炎也有很好的效果。

营养成分

膳食纤维	蛋白质	脂肪	碳水化合物
5g	2.2g	0.3g	5g
维生素B_1	维生素B_2	维生素E	维生素C
0.1mg	0.1mg	1.1mg	42mg

营养师提醒

✓ 菠菜与蔬菜水果同食，可防止结石。

✗ 菠菜不能与豆制品、虾米、海带等食物同煮。脾胃虚寒、腹泻便溏者应少食，肾炎和肾结石患者不宜食。

草莓橘子蔬果汁

● 治疗粉刺，防止过敏

果汁热量 130kcal

操作方便度：★★★★☆
推荐指数：★★★★☆

蔬果搭配

草莓……50克　　芒果……100克
橘子……50克　　冰块……10克
蒲公英……5克

料理方法

将草莓洗净，去蒂；橘子连皮切成块；芒果去籽，用汤匙挖取果肉；蒲公英洗净备用。将草莓、橘子、芒果及蒲公英放入榨汁机，压榨成汁。在果汁机内加入少许冰块即可。

食疗功效

中医认为：芒果解渴生津，有益胃止呕、生津解渴及止晕眩等功效，甚至可治胃热烦渴、呕吐不适及晕车、晕船等症。现代医学研究认为：芒果含有丰富的维生素A、维生素C，有益视力健康、延缓细胞衰老、预防老年痴呆。

营养成分

膳食纤维	蛋白质	脂肪	碳水化合物
7.9g	7.6g	1.8g	44.3g
维生素B_1	维生素B_2	维生素E	维生素C
0.1mg	0.1mg	2.8mg	165mg

营养师提醒

✓ 本品适宜职场女性多饮用。

✗ 患有皮肤病或肿瘤的人，应禁食芒果。芒果不宜一次食入过多，且不宜与辛辣食物同食，否则易导致黄疸。

TIPS 此汁能治青春痘，还能预防过敏。

黄瓜木瓜柠檬汁

果汁热量 165kcal

操作方便度：★★★★☆
推荐指数：★★★☆☆

• 消除痘痘，滋润皮肤

蔬果搭配

黄瓜………200克
木瓜………400克
柠檬………30克

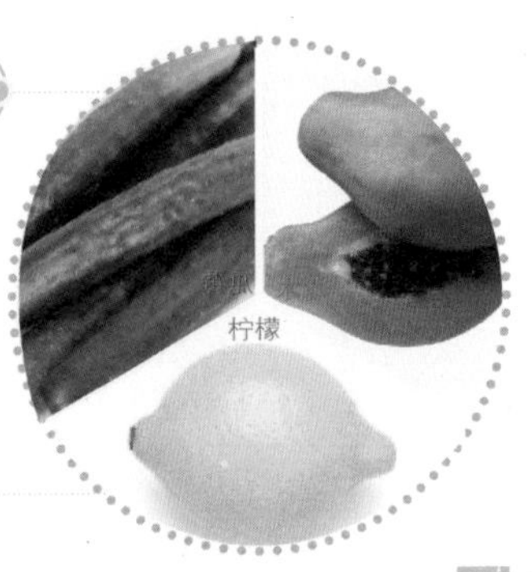

营养成分

膳食纤维	蛋白质	脂肪	碳水化合物
3.7g	0.2g	0.6g	27.2g
维生素B_1	维生素B_2	维生素E	维生素C
0.1mg	0.2mg	1.7mg	209mg

食疗功效

缓解青春痘症状，滋润皮肤。此饮料不宜过量饮用，否则可能会发生胀气、腹泻等副作用。另外，孕妇不宜饮用。

料理方法

① 将黄瓜洗净，切成块；木瓜洗净，去皮、去瓤，切块；柠檬切成小片。

② 将所有材料放入榨汁机中榨出汁即可。

木瓜档案

产地	性味	归经	保健作用
河北、山东	性平、微寒，味甘	肝、脾经	润肺止咳、消暑解渴

成熟周期：

当年：1月 2月 3月 4月 5月 6月 7月 8月 9月（结果） 10月（结果） 11月 12月

次年：1月 2月 3月 4月 5月 6月 7月 8月 9月 10月 11月 12月

美白牙齿小窍门

柠檬含丰富的维生素C和果酸成分，有助淡化黑斑、黑色素，从而达致美白效能。如果你的牙齿偏黄，刷牙后，用纱布或棉布沾点柠檬汁，仔细地摩擦牙齿，就可以使牙齿洁白。

润肤多汁蜜饮

果汁热量 135kcal

操作方便度：★★★★☆

推荐指数：★★★☆☆

- 美白润肤，去痘消肿

蔬果搭配

梨…………150克

荸荠………50克

生菜………30克

蜂蜜………10克

麦冬………15克

营养成分

膳食纤维	蛋白质	脂肪	碳水化合物
3g	1.9g	0.7g	27.2g
维生素B_1	维生素B_2	维生素E	维生素C
0.1mg	0.2mg	1.7mg	209mg

食疗功效

美白抗氧化，润肤去痘。此饮料有清热祛湿之功效，可促进新陈代谢，抑制皮肤毛囊的细菌生长。

料理方法

① 将梨、荸荠、生菜洗净，再将梨、荸荠去皮，切块，生菜剥片。

② 麦冬用热水泡一晚，使它软化。

③ 将所有材料放入果汁机中打成汁，饮用时加蜂蜜调味即可。

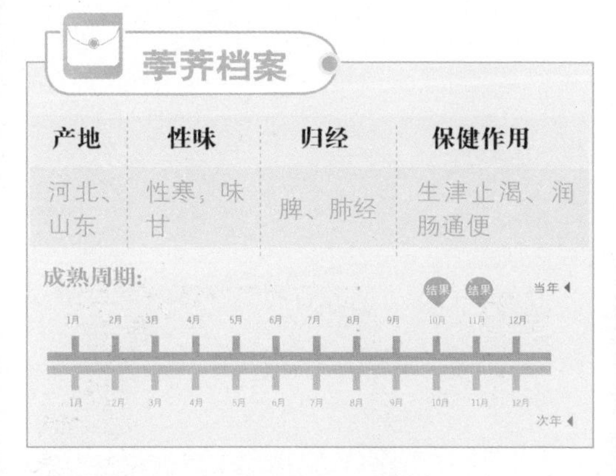

荸荠档案

产地	性味	归经	保健作用
河北、山东	性寒，味甘	脾、肺经	生津止渴、润肠通便

成熟周期：

当年：1月 2月 3月 4月 5月 6月 7月 8月 9月 10月（结果） 11月（结果） 12月

次年：1月 2月 3月 4月 5月 6月 7月 8月 9月 10月 11月 12月

挑选荸荠小窍门

荸荠以个大、洁净、新鲜为上品。尤其是以色泽紫红、顶芽较短的“铜皮荸荠”品质最佳。其皮薄、肉细、汁多、味甜、爽脆、无渣。而色泽紫黑、顶芽较长的“铁皮荸荠”品质稍差，因其质粗多渣。

红糖西瓜饮

166kcal

操作方便度：★★★★☆
推荐指数：★★★☆☆

• 控油洁肤，预防过敏

材料

柳橙100克，西瓜200克，蜂蜜10克，红糖5克。

做法

① 将柳橙洗净，切片；西瓜洗净，去皮，取西瓜肉。② 将柳橙放入榨汁机内榨出汁，倒入杯中，加蜂蜜搅和均匀。③ 将西瓜肉榨汁，放入红糖，按分层方式轻轻注入杯中即可。

营养成分

膳食纤维	蛋白质	脂肪	碳水化合物
1g	1.8g	0.2g	26.7g

食疗作用

控油洁肤，防治皮肤过敏。

桃子蜂蜜牛奶

果汁热量 174kcal

操作方便度：★★★★☆
推荐指数：★★★☆☆

• 防治粉刺，润肤养颜

材料

桃子150克，蜂蜜10克，牛奶280毫升，冰块10克。

做法

① 将桃子洗净，剥掉皮，削下果肉备用。② 将牛奶倒入果汁机的容杯中，加入蜂蜜、冰块，搅拌均匀。③ 将削下的果肉放进牛奶中，搅拌30～40秒，也可依个人喜好可加少许柠檬汁调味。

食疗作用

防治青春痘、粉刺，润肤养颜。

营养成分

膳食纤维	蛋白质	脂肪	碳水化合物
0.5g	9.1g	5.9g	51.9g

柠檬生菜莓汁

• 去油去脂，痘痘立消

果汁热量 113kcal

操作方便度：★★★★☆
推荐指数：★★★★☆

营养成分

膳食纤维	蛋白质	脂肪	碳水化合物
2.8g	2.3g	0.9g	8.7g

材料

柠檬50克，生菜80克，草莓15克，冰块10克。

做法

① 将柠檬连皮切成三块；草莓洗净后去蒂；生菜洗净。② 将柠檬和草莓直接放入榨汁机里榨成汁，生菜卷成卷，放入榨汁机里榨汁。③ 在果汁中加入冰块即可。

食疗作用

此饮能缓解青春痘，淡化雀斑、黑斑，治皮肤晒伤。

香瓜蔬果汁

• 细滑滋润，白嫩皮肤

果汁热量 342kcal

操作方便度：★★★★☆
推荐指数：★★★☆☆

材料

香瓜200克，芹菜100克，蜂蜜15毫升，苹果50克。

做法

① 芹菜洗净，撕去老叶及坏茎，切小段备用。② 香瓜、苹果均洗净，去皮、去籽，切小块，一起放入果汁机中，加入芹菜打成汁，滤除果菜渣，倒入杯中备用。③ 杯中加入蜂蜜调匀即可。

食疗作用

此饮可细滑、滋润、白嫩皮肤，还可消除皮肤暗疮、雀斑、黑斑等。

营养成分

膳食纤维	蛋白质	脂肪	碳水化合物
1.7g	1.4g	0.2g	14.3g

生活贴士

胡萝卜素有“小人参”之称，其营养成分丰富，能与人参媲美因此而得名。但是它与酒同食，会在肝脏中产生毒素，导致肝病，故要引起注意。

胡萝卜菠萝果汁

● 消炎抗菌，清热解毒

果汁热量 133kcal

操作方便度：★★★★☆
推荐指数：★★★★☆

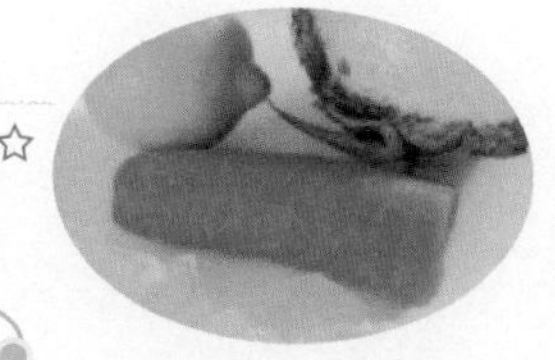

蔬果搭配

胡萝卜……100克　菠萝……100克
冰块……20克　柠檬……50克

料理方法

菠萝切除叶子，去皮切小块；胡萝卜切块。将胡萝卜放入榨汁机内榨成汁，再放入菠萝、柠檬榨汁。将果汁倒入杯中，加冰块即可。

TIPS 胡萝卜可以中和菠萝中的甜酸味，味道会更好，缓解疲劳，改善皮肤。

食疗功效

胡萝卜能健脾，可治消化不良、久痢、咳嗽、眼疾，还可降血糖。具有促进机体生长、维持上皮组织、防止呼吸道感染及维护视力，治疗夜盲症和眼干燥症等功能。胡萝卜的芳香气味是挥发油所致，能助消化，并有杀菌作用。

营养成分

膳食纤维	蛋白质	脂肪	碳水化合物
2.2g	2g	1.2g	21.2g
维生素B_1	维生素B_2	维生素E	维生素C
0.1mg	0.1mg	1.2mg	56mg

营养师提醒

✓ 胡萝卜富含丰富的维生素，能为人体补充多重营养素。

✗ 胡萝卜与酒同食，会在肝脏中产生毒素，导致肝病。

枇杷苹萝汁

● 祛火除燥，痘痘不见

果汁热量 273kcal

操作方便度：★★★☆☆
推荐指数：★★★☆☆

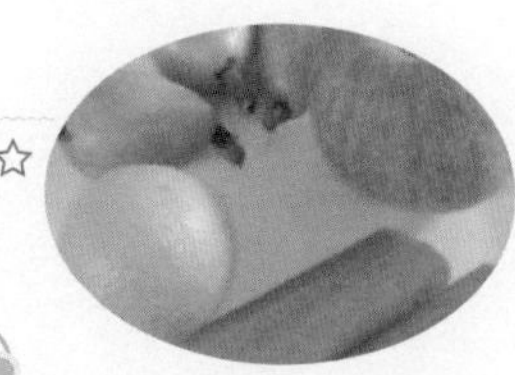

蔬果搭配

胡萝卜……100克　枇杷……100克
苹果……100克　冰块……10克
柠檬……50克

料理方法

胡萝卜、苹果切小块；枇杷剥皮，除种子；柠檬切片。将胡萝卜、枇杷、苹果、柠檬按次序放入榨汁机内榨汁。倒入杯中，加冰块即可。

食疗功效

中医认为：枇杷味苦、性平，入肺、胃经，既能清肺气而止咳，又可降胃逆而止呕。凡风热燥火等所引起的咳嗽、呕呃，都可应用。现代医学研究认为：常食枇杷可止咳、润肺、利尿、健胃、清热，对肝脏疾病也有疗效。

营养成分

膳食纤维	蛋白质	脂肪	碳水化合物
3.5g	2.5g	1.7g	48g
维生素B_1	维生素B_2	维生素E	维生素C
0.1mg	0.1mg	3.6mg	36mg

营养师提醒

✓ 一般人均可食用。

✗ 脾胃虚寒、糖尿病患者请谨慎食用。

TIPS 木瓜味甘，性平微寒，能助消化、健脾胃、润肺、止咳、消暑解渴。

柠檬西芹橘汁

果汁热量 55kcal

操作方便度：★★★★☆
推荐指数：★★★★☆

• 淡化雀斑，清除痤疮

蔬果搭配

柠檬………50克
西芹………30克
橘子………80克
冰块………10克

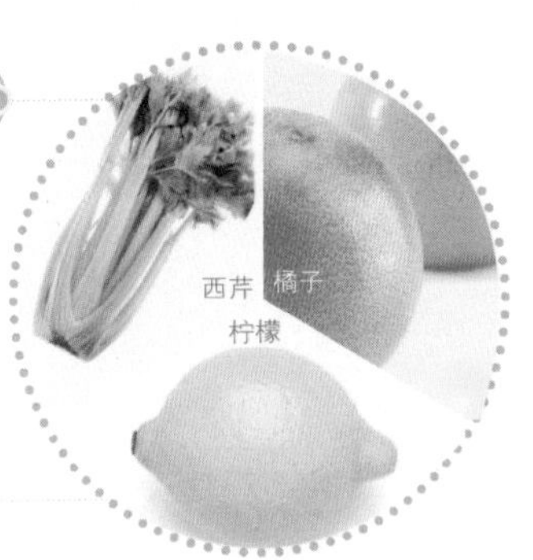

营养成分

膳食纤维	蛋白质	脂肪	碳水化合物
0.4g	0.3g	0.2g	30.8g
维生素B_1	维生素B_2	维生素E	维生素C
0.1mg	0.1mg	0.2mg	7.8mg

食疗功效

帮助消化，淡化雀斑，改善青春痘症状。

料理方法

① 将西芹洗净，橘子去除果瓤与种子，西芹折弯曲后包裹橘子果肉，柠檬切片。

② 西芹包裹着橘子，与柠檬一起放入榨汁机里榨汁。

③ 再往果汁中加入冰块即可。

芹菜档案

产地	性味	归经	保健作用
四川、河北	性凉，味甘、辛	肺、脾、胃经	通利小便、清热平肝

成熟周期：

当年：1月 结果、2月 结果、3月 结果、4月、5月 结果、6月 结果、7月 结果、8月、9月、10月、11月、12月

次年：1月、2月、3月、4月、5月、6月、7月、8月、9月、10月、11月、12月

去头皮屑小窍门

头皮屑多时，可以将一杯柠檬汁，加入两汤匙日本米酒，再混入一汤匙蜂蜜，搅匀后平均抹在干的头皮上，轻轻按摩5分钟。待10分钟后用清水冲洗干净后，再用平日用的洗发水洗发，会有减少头皮的作用。

芒芭莴笋汁

• 润泽皮肤，预防痤疮

果汁热量 179kcal

操作方便度：★★★★☆
推荐指数：★★★☆☆

蔬果搭配

柠檬………50克
莴笋………50克
芒果………150克
芭蕉………100克
冰块………10克

营养成分

膳食纤维	蛋白质	脂肪	碳水化合物
6.6g	3.4g	1.2g	43.9g
维生素B_1	维生素B_2	维生素E	维生素C
0.1mg	0.1mg	3.1mg	68mg

食疗功效

缓解便秘、润泽皮肤、预防青春痘。

料理方法

① 将柠檬切成三块；莴笋洗净，切成可放入榨汁机的大小；芒果和芭蕉切成状。

② 将柠檬和莴笋放入榨汁机。

③ 将柠檬和莴笋的综合汁倒入果汁机，加入芒果和芭蕉，搅拌，加冰块即可。

芭蕉档案

产地	性味	归经	保健作用
广东、广西	性大寒，味甘	心、肝经	通利小便、清热解毒

成熟周期：全年均有

当年 1月 2月 3月 4月 5月 6月 7月 8月 9月 10月 11月 12月
次年 1月 2月 3月 4月 5月 6月 7月 8月 9月 10月 11月 12月

挑选莴笋小窍门

挑选莴笋应注意看笋形粗短条顺、大小整齐、不弯曲、脆而嫩。不带黄叶、烂叶，笋条不萎蔫，不空心，表面无锈色。味道鲜香，有特殊的香气。

卷心菜葡萄汁

操作方便度：★★★★☆
推荐指数：★★★★☆

• 紧致毛孔，痘痕消失

材料

卷心菜120克，葡萄80克，柠檬50克，冰块（刨冰）少许。

做法

① 将卷心菜洗净，葡萄洗净，柠檬洗净后切片。② 用卷心菜叶把葡萄包起来。③ 将所有的材料放入榨汁机内，榨出汁即可。

食疗作用

改善皮肤粗糙，缓解青春痘。

营养成分

膳食纤维	蛋白质	脂肪	碳水化合物
3.2g	2.5g	1.3g	7g

西红柿沙田柚汁

果汁热量 147kcal

操作方便度：★★★★☆
推荐指数：★★★★☆

• 粉嫩肌肤，红润光泽

材料

沙田柚200克，西红柿100克，白开水200毫升，蜂蜜15克。

做法

① 将沙田柚洗净，切开，放入榨汁机中榨汁。② 将西红柿洗净，切块，与沙田柚汁、白开水放入榨汁机内榨汁。③ 饮前加适量蜂蜜于汁中即可。

食疗作用

本品具有润泽肌肤、清热解毒的作用，可以帮助机体排除毒素，预防粉刺滋生。

营养成分

膳食纤维	蛋白质	脂肪	碳水化合物
0.8g	0.7g	0.6g	12.2g

柿子柠檬蜜汁

操作方便度：★★★★☆
推荐指数：★★★☆☆

• 预防痘痘，淡化斑纹

材料

柿子200克，柠檬30克，水240毫升，果糖10克。

做法

① 柿子切除蒂头，去籽，切成小丁。② 柠檬去皮，切小块。③ 将上述材料放入果汁机中以高速搅打2分钟，加入果糖，搅拌均匀即可。

营养成分

膳食纤维	蛋白质	脂肪	碳水化合物
2.6g	0.6g	0.3g	3.4g

食疗作用

本品能够促进新陈代谢，防治青春痘、黑斑、雀斑、净化血液。如能用柿子嫩叶榨汁，营养更高。

猕猴桃柠檬柳橙汁

果汁热量 141kcal

操作方便度：★★★★☆
推荐指数：★★★★☆

• 滋润皮肤，修复晒伤

材料

柠檬30克，豆芽菜100克，猕猴桃50克，柳橙80克，冰块少许。

做法

① 将柠檬洗净后连皮切成三块；去除柳橙的果皮及种子；猕猴桃削皮后直立对切为二。② 将柠檬、柳橙放入榨汁机内榨汁，豆芽和猕猴桃顺序交错地放入榨汁机，榨汁。③ 再在果汁中加入少许冰块即可。

营养成分

膳食纤维	蛋白质	脂肪	碳水化合物
2.2g	2.6g	0.5g	8.5g

食疗作用

此饮可滋润皮肤，防过敏，对晒伤的皮肤也有一定疗效。

润泽皮肤：给你宛若新生的感觉

草莓柠檬优酪乳

- 促进消化，增强体质

果汁热量 150kcal

操作方便度：★★★★☆
推荐指数：★★★☆☆

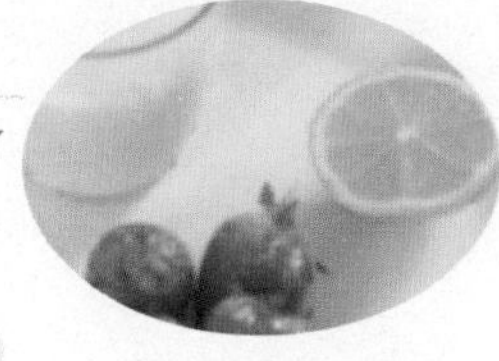

蔬果搭配

草莓……30克　　奶酪……10克
柠檬……30克

料理方法

将草莓洗净，放入果汁机；柠檬切片。将奶酪、柠檬放入，与草莓一起搅打均匀即可。

TIPS 此饮可以促进排便，避免毒物积存体内，还可以预防面疱、青春痘的产生。

食疗功效

奶酪中除含有乳制品的价值外，还含有活性益生菌，有助于改善胃肠道环境，抑制腐败毒性物质的滋生，能促进消化、增强免疫力、对抗癌症。

营养成分

膳食纤维	蛋白质	脂肪	碳水化合物
2.2g	2.6g	0.5g	8.5g
维生素B_1	维生素B_2	维生素E	维生素C
0.1mg	0.1mg	0.8mg	335mg

营养师提醒

✓ 奶酪饮必须在饭后2小时左右饮用。

⊗ 本饮品不能加热，因为一经加热，大量活性乳酸菌会被杀死，失去了营养价值和保健功能。

菠萝苹果蜂蜜汁

- 瘦身美白，修复晒伤

果汁热量 222kcal

操作方便度：★★★★☆
推荐指数：★★★★☆

蔬果搭配

菠萝……200克　　苹果……150克
葡萄柚……80克　　柠檬……30克
蜂蜜……10克　　冰块……10克

料理方法

①将葡萄柚、柠檬洗净，切块，榨汁。②菠萝、苹果洗净后切块，用果汁机搅打成泥，滤出果汁。③两样果汁倒入杯中，加蜂蜜、冰块即可。

食疗功效

有消烦解渴和增进食欲的功效。中医认为：菠萝有解暑止渴、助消化、止泻之功效，为医食兼优的时令水果。现代医学研究认为：菠萝中含有菠萝酶素，常被用来治疗心脏疾病、烧伤、脓疮和溃疡等，有着很好的效果。

营养成分

膳食纤维	蛋白质	脂肪	碳水化合物
1.9g	1.6g	1.5g	32.9g
维生素B_1	维生素B_2	维生素E	维生素C
0.01mg	0.01mg	2mg	76mg

营养师提醒

✓ 食用前须将菠萝切成片，用盐水或苏打水泡20分钟，以防止过敏发生。

⊗ 葡萄柚汁不能搭配降压药饮用。

TIPS 不滤渣瘦身美白效果更好。此饮能修护日光对肌肤的伤害，适合日晒后或饭后饮用。

菠萝豆浆蜜汁

• 消除疲劳，润泽皮肤

果汁热量 111.4kcal

操作方便度：★★★★☆
推荐指数：★★★★☆

营养成分

膳食纤维	蛋白质	脂肪	碳水化合物
2.9g	4.5g	3g	17.2g

◎ 材料

菠萝120克，蜂蜜10克，豆浆240毫升，冰块少许。

◎ 做法

① 将菠萝洗净，去皮，切成块。② 将豆浆倒入果汁机的容杯中，加入蜂蜜搅拌。③ 放入切好的菠萝，搅拌1分钟，再加入冰块即可。

◎ 食疗作用

饮用此品可消除疲劳，润泽皮肤。

金针菠菜蜜汁

• 身体无毒，肌肤靓丽

果汁热量 181kcal

操作方便度：★★★☆☆
推荐指数：★★★☆☆

◎ 材料

金针花60克，菠菜60克，葱白60克，蜂蜜30毫升，冷开水80毫升，冰块70克。

◎ 做法

① 金针花洗净；葱白、菠菜洗净，切小段。② 金针花、菠菜、葱白放入榨汁机中榨成汁。③ 再将汁倒入搅拌机中加蜂蜜、冷开水、冰块高速搅打30秒钟即可。

◎ 食疗作用

能促进大便的排泄，可防治肠道肿瘤，还能降低胆固醇，对神经衰弱、高血压、动脉硬化、慢性肾炎均有疗效。

营养成分

膳食纤维	蛋白质	脂肪	碳水化合物
7g	20.8g	1.7g	38.5g

猕猴桃胡萝卜汁

操作方便度：★★★★☆
推荐指数：★★★★☆

• 改善皮肤，缓解疲劳

营养成分

膳食纤维	蛋白质	脂肪	碳水化合物
4g	2g	1.1g	19.6g

材料

胡萝卜100克，猕猴桃50克，柠檬30克，冰块少许。

做法

① 将胡萝卜洗净，切成块；猕猴桃去皮后，对切为二；柠檬连皮切成三块。② 将柠檬、胡萝卜、猕猴桃一起放入榨汁机中榨成汁。③ 最后在果汁中加入适量冰块即可。

食疗作用

本品具有润泽皮肤、缓解疲劳的功效，尤其适宜职场女性饮用。

南瓜柑橘鲜奶

果汁热量 185kcal

操作方便度：★★★★☆
推荐指数：★★★☆☆

• 保护皮肤，预防感冒

材料

南瓜50克，胡萝卜100克，柑橘50克，鲜奶200毫升。

做法

① 南瓜煮软后，切成2～3厘米的块。② 柑橘去皮，剥除薄膜，备用；胡萝卜削皮后，切成小块。③ 将上述所有材料放入果汁机中以高速搅打2分钟，加入鲜奶搅匀即可。

食疗作用

本饮品能够保护皮肤组织，预防感冒。但是南瓜榨汁前记得一定要煮软。若不习惯吃南瓜皮，可先去皮，以南瓜果肉煮软榨汁。

营养成分

膳食纤维	蛋白质	脂肪	碳水化合物
1.5g	7.3g	4.5g	33g

梨子蜂蜜香柚汁

果汁热量 116kcal

操作方便度：★★★★☆
推荐指数：★★★★☆

- 滋润肌肤，润肺解酒

蔬果搭配

梨子………100克
柚子………200克
蜂蜜………10克

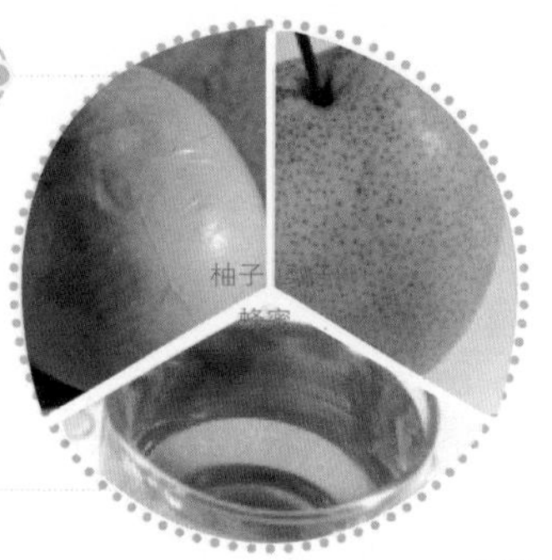

营养成分

膳食纤维	蛋白质	脂肪	碳水化合物
2.9g	1.5g	1.3g	22.3g
维生素B_1	维生素B_2	维生素E	维生素C
0.1mg	0.1mg	3.4mg	6mg

食疗功效

滋润肌肤，润肺解酒。此饮可以降低人体内的胆固醇含量，适合高血压患者饮用。

料理方法

① 将梨子去皮，切成块。
② 柚子去皮，切成块。
③ 将梨子和柚子放入榨汁机内榨汁。
④ 向果汁中加1大匙蜂蜜，搅拌均匀即可。

柚子档案

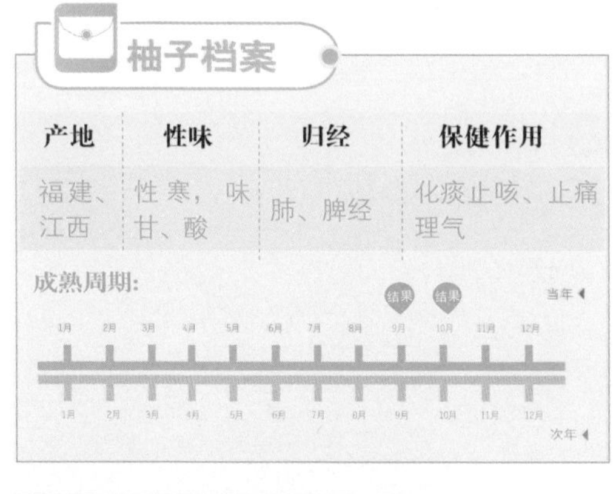

产地	性味	归经	保健作用
福建、江西	性寒，味甘、酸	肺、脾经	化痰止咳、止痛理气

挑选柚子小窍门

挑选柚子一般要注意两点：首先，大的柚子不一定就是好的，要看表皮是否光滑和看着色是否均匀；然后就要把柚子拿起来看看它的重量，如果很重就说明这个柚子的水分很多，符合这两点的基本就能算得上是好柚子。

柠檬蔬菜汁

- 淡化斑纹，细嫩皮肤

果汁热量 39kcal

操作方便度：★★★★★

推荐指数：★★★★★

蔬果搭配

柠檬………50克
生菜………100克
小油菜……80克
冰块………20克

营养成分

膳食纤维	蛋白质	脂肪	碳水化合物
1.5g	3.4g	1.2g	4.8g
维生素B_1	维生素B_2	维生素E	维生素C
0.1mg	0.1mg	2.2mg	34mg

食疗功效

预防感冒，滋润光滑皮肤，以防粗糙，淡化黑斑、雀斑。

料理方法

① 将柠檬洗净后连皮切成三块；生菜和小油菜也切成易于放入榨汁机的大小。

② 将柠檬放入榨汁机里榨成汁，再将生菜、小油菜榨成汁。

③ 将果汁混合均匀，再加入少许冰块即可。

油菜档案

产地	性味	归经	保健作用
河北、河南	性凉，味甘	肝、肺、脾经	宽肠通便、解毒消肿

成熟周期：

当年：1月 2月 3月 4月 5月 6月 7月 8月 9月 10月 11月 12月（9月、10月 结果）

次年：1月 2月 3月 4月 5月 6月 7月 8月 9月 10月 11月 12月

挑选油菜小窍门

挑选油菜的时候要注意避免虫蛀，也不要选择叶子枯黄的品种。应选择茎部肥厚、叶片翠绿者。

养颜美白蔬果汁

芦荟

「性 味」性寒，味苦。
「归 经」肝，大肠经。
「功 效」解毒消炎、润肠通便。

桂圆芦荟冰糖露

「功 效」本品可以滋润皮肤，防止皱纹产生，有使脸色更红润的神奇效果。

190页

芦荟柠檬果汁

「功 效」有抗炎和止痛作用，对脂肪代谢、胃肠功能、排泄系统都有很好的调节作用。

185页

香蕉

「性 味」性温，无毒，味酸。
「归 经」肺、大肠经。
「功 效」润肠通便、润肺止咳。

杨桃牛奶香蕉蜜

「功 效」此饮能美白肌肤，消除皱纹，改善干性或油性肌肤。

190页

嫩肤乳酸菌饮品

「功 效」常吃能使皮肤细滑白皙，可延缓衰老。对食欲不振有辅助治疗作用。

189页

生菜

「性 味」性冷，味甘。
「归 经」胃、肾经。
「功 效」清热利湿、益肾补虚。

柠檬生菜莓汁

「功 效」此饮能缓解青春痘，淡化雀斑、黑斑，治皮肤晒伤。

209页

柠檬蔬菜汁

「功 效」预防感冒，滋润光滑皮肤，以防粗糙，淡化黑斑、雀斑。

221页

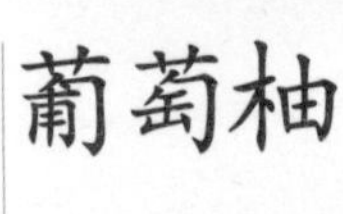

葡萄柚

「性 味」性寒，味甘、酸。
「归 经」胃经。
「功 效」健胃消食、清热化痰。

蒲公英葡萄柚汁

「功 效」本品具有清热解毒、消肿散结、利尿、健胃、消炎等作用。

193页

草莓葡萄柚黄瓜汁

「功 效」本饮品中含有非常丰富的柠檬酸、钠、钾和钙，有助于肉类的消化。

193页

酪梨

「性　味」性凉，味甘。
「归　经」肝、肾经。
「功　效」滋阴止咳。

酪梨木瓜柠檬汁

「功　效」此道蔬果汁可以提高皮肤抗氧化能力，消除细纹。

184页

酪梨柠檬橙汁

「功　效」此饮味道甜美，可去除皱纹和黑斑，延缓肌肤老化。

197页

荸荠

「性　味」性寒，味甘。
「归　经」脾、肺经。
「功　效」生津止渴、润肠通便。

哈密黄瓜荸荠汁

「功　效」本饮品含铁量高，对人体造血机能有促进作用，是很好的女性滋补饮品。

181页

润肤多汁蜜饮

「功　效」此饮料有清热去湿之功效，可促进新陈代谢，抑制皮肤毛囊的细菌生长。

207页

香瓜

「性　味」性寒，味甘。
「归　经」胃、肺、大肠经。
「功　效」清热解暑、除烦利尿。

柠檬茭白瓜汁

「功　效」此饮能嫩白保湿、淡化雀斑、清热解毒、除烦解渴。

191页

香瓜蔬果汁

「功　效」此饮可细滑、滋润、白嫩皮肤，还可消除皮肤暗疮、雀斑、黑斑等。

209页

花椰菜

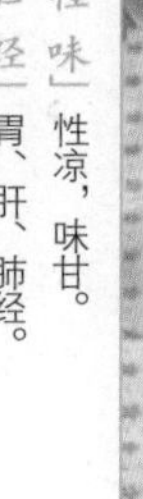

「性　味」性凉，味甘。
「归　经」胃、肝、肺经。
「功　效」促进消化、增进食欲。

花椰菜黄瓜汁

「功　效」经常食用可达到延缓皮肤衰老的作用，还可防止口角炎、唇炎，亦可润滑肌肤。

181页

橘芹花椰汁

「功　效」此饮可以保护眼睛，改善视力，同时还能降压安神，清热利尿。

194页

第五章·健康养颜花果醋

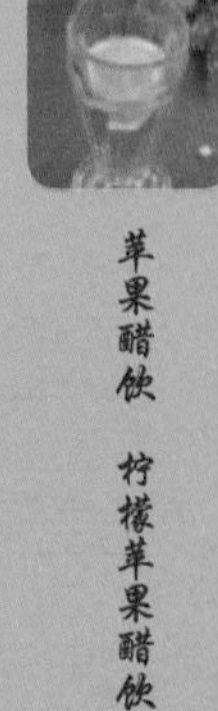

苹果醋饮　柠檬苹果醋饮

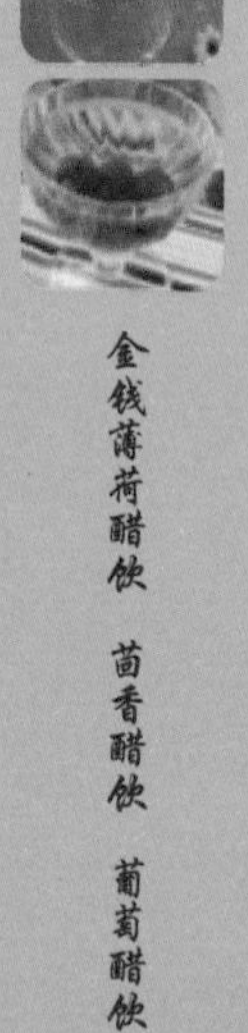

金钱薄荷醋饮　茴香醋饮　葡萄醋饮

薰衣草醋饮　洋甘菊醋饮

玫瑰醋饮　甜菊醋饮

荔枝醋饮　草莓醋面膜　黑枣醋养颜浴

醋中富含肌肤所需的醋酸、蛋白质、氨基酸等活性物质，且能良好的保存水果和鲜花中的维生素、矿物质、氨基酸等营养成分，同时还能促进肌肤的新陈代谢，使皮肤光泽细致，进而能发挥养颜焕肤、延缓衰老的作用。

玫瑰醋饮

• 美容养颜，调理气血

果汁热量 198.5kcal

操作方便度：★★★☆☆
推荐指数：★★★☆☆

蔬果搭配

醋…………300毫升
干玫瑰花…200克
桃…………400克
冰糖………10克

营养成分

膳食纤维	蛋白质	脂肪	碳水化合物
3.3g	5.7g	1g	48.6g

维生素B_1	维生素B_2	维生素E	维生素C
0.1mg	0.1mg	2.9mg	74.6mg

食疗功效

玫瑰醋不但是调味佳品，而且具有良好的美容功效。由于玫瑰醋的主要成分是醋酸，具有很强的杀菌作用，对皮肤、头发能发挥很好的保护作用。

料理方法

① 将桃洗净，吹干，去核对切。

② 玫瑰去梗，洗净，吹干（干品无须清洗）。

③ 加入桃、冰糖、玫瑰，倒入醋，淹过食材高度，封罐。

④ 发酵45～120天即可饮用，6～10个月以上风味更佳。

玫瑰档案

产地	性味	归经	保健作用
北京、河北	性温，味甘、微苦	肝、脾经	理气解郁、活血化瘀

成熟周期：

当年：1月 2月 3月 4月 5月 6月 7月 8月 9月（结果） 10月（结果） 11月 12月

次年：1月 2月 3月 4月 5月 6月 7月 8月 9月 10月 11月 12月

挑选桃子小窍门

挑选桃子的时候不一定要个太大的，个太大里面的核多半是裂开的，这样的桃子口味并不好。另外在挑选的时候，桃子的色泽也是决定其好坏的标准，一般以红色为好，且果形要端正。

甜菊醋饮

● 缓解疲劳，减肥驻颜

果汁热量 49kcal

操作方便度：★★★★★

推荐指数：★★★★★

蔬果搭配

白醋………300毫升

甜菊………20克

营养成分

膳食纤维	蛋白质	脂肪	碳水化合物
0.2g	3.3g	0.6g	7.9g

维生素B_1	维生素B_2	维生素E	维生素C
0.1mg	0.1mg	0.1mg	0.3mg

食疗功效

甜菊叶片具有帮助消化、滋养肝脏、调整血糖的功效，还能促进胰腺和脾胃功能，更能减肥养颜，养精提神。与醋和制成饮料，相当符合现代人追求低卡路里、无糖、无碳水化合物、无脂肪的健康生活方式，更是体重过重者、糖尿病患者的保养圣品。

料理方法

① 将甜菊洗净，烘干放入瓶中，然后将醋倒入瓶中，淹过甜菊高度，封罐。

② 发酵8天即可饮用，时间越久，风味越佳。

甜菊档案

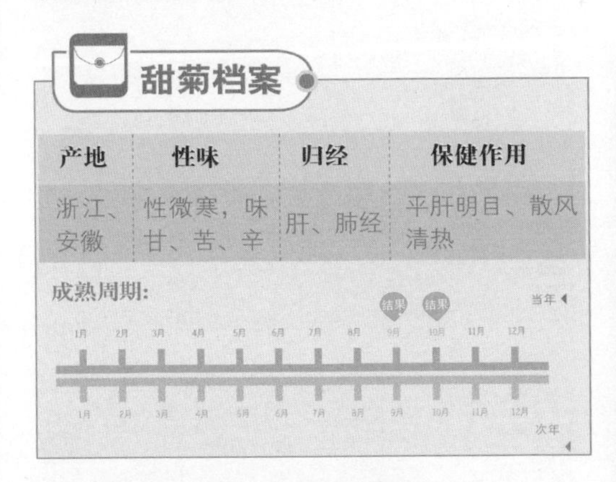

产地	性味	归经	保健作用
浙江、安徽	性微寒，味甘、苦、辛	肝、肺经	平肝明目、散风清热

挑选甜菊小窍门

颜色太漂亮的甜菊不能选，可能是硫黄熏的。颜色发暗的菊花也不要选，这种菊花是陈年老菊花。可以用手摸一摸，松软的、顺滑的菊花比较好，花瓣不零乱，不脱落，即表明是刚开的菊花就被采摘了。

薰衣草醋饮

- 净化肌肤，收缩毛孔

果汁热量 131.9kcal

操作方便度：★★★☆☆
推荐指数：★★★★☆

蔬果搭配

白醋………600毫升
柠檬………100克
冰糖………300克
薰衣草……100克

营养成分

膳食纤维	蛋白质	脂肪	碳水化合物
1.3g	7.4g	2.1g	286.3g
维生素B_1	维生素B_2	维生素E	维生素C
0.1mg	0.2mg	1.1mg	40mg

食疗功效

薰衣草醋具有多重美容功效，不但可净化肌肤，收缩毛孔，更可松弛身心。薰衣草和醋同样都具有排毒、美肤的功效，相互配合可发挥排毒养颜、延缓衰老的作用。

薰衣草档案

产地	性味	归经	保健作用
北京、新疆	—	—	清热解毒、安神镇静

成熟周期：

当年：6月、7月、8月、9月、10月 结果

挑选薰衣草小窍门

薰衣草在选择的时候应该挑选颜色鲜艳者，且气味馨香。据说除了法国普罗旺斯所产者最好外，我国新疆地区的薰衣草品质也属上乘。

料理方法

① 薰衣草洗净，吹干至略呈枯萎状，切段。
② 柠檬洗净，吹干，连皮切片。
③ 将薰衣草、冰糖、柠檬片放入玻璃瓶中，倒入醋，封罐。
④ 发酵45～120天即可饮用，6～10个月以上风味更佳。

洋甘菊醋饮

果汁热量 85kcal

操作方便度：★★★★☆
推荐指数：★★★★☆

• 抑制老化，润泽肌肤

蔬果搭配

白醋………300毫升
洋甘菊……数朵
蜂蜜………适量

营养成分

膳食纤维	蛋白质	脂肪	碳水化合物
2.4g	3.7g	0.8g	15.2g
维生素B_1	维生素B_2	维生素E	维生素C
0.1mg	0.2mg	0.1mg	6mg

食疗功效

洋甘菊醋可消除因头痛、偏头痛或发烧感冒引起的肌肉酸痛，并具有抗老化，润泽肌肤，帮助皮肤组织再生，舒缓肌肤并收敛毛孔的功效。常饮洋甘菊醋还有镇静作用，让人心绪变得更平静。

料理方法

① 将洋甘菊洗净，吹干至略呈枯萎状。

② 将洋甘菊、蜂蜜放入玻璃瓶中，最后倒入醋，封罐。

③ 发酵3～60天即可饮用，4个月以上风味更佳。

洋甘菊档案

产地	性味	归经	保健作用
新疆、北京	性微寒，味微苦、甘	肝、肺经	镇静催眠、止痛解痉

成熟周期：

当年：1月 2月 3月 4月 5月 6月 7月 8月 9月（结果） 10月（结果） 11月 12月

次年：1月 2月 3月 4月 5月 6月 7月 8月 9月 10月 11月 12月

挑选洋甘菊小窍门

应首选花瓣牢固不凌乱的，稍用手触碰，如果花瓣立即脱落就不能选择。

金钱薄荷醋饮

• 促进消化，解除疲劳

果汁热量 61.5kcal

操作方便度：★★★☆☆
推荐指数：★★★★☆

蔬果搭配

白醋………300毫升
金钱薄荷…40克
荠菜花……20克
水…………100毫升

营养成分

膳食纤维	蛋白质	脂肪	碳水化合物
3.6g	4.7g	0.6g	8.1g
维生素B_1	维生素B_2	维生素E	维生素C
0.1mg	0.1mg	0.3mg	14mg

食疗功效

美容方面，醋具有消炎抗氧化的功效，而金钱薄荷具收敛爽肤的作用，荠菜花可分解油脂，用金钱薄荷、荠菜花与醋制成的混合醋饮口味独特，能发挥改善毛孔粗大的功效，此醋饮对于降低血压，预防疾病，帮助肠胃消化吸收，解除疲劳等也具有一定的作用。

薄荷档案

产地	性味	归经	保健作用
江西、江苏	性凉，味辛	肝、肺经	疏风散热、解毒消肿

成熟周期：

当年 1月 2月 3月 4月 5月 6月 7月 8月 9月（结果） 10月（结果） 11月 12月

次年 1月 2月 3月 4月 5月 6月 7月 8月 9月 10月 11月 12月

挑选薄荷叶小窍门

只要保证叶子没有发黄，而且整棵薄荷的叶子要呈绿色，茎叶很茂盛即可选用。

料理方法

① 将所有药草洗净，加适量水和醋煎煮。

② 先用大火煮沸后，再转小火煮，约15分钟即可。

茴香醋饮

• 减轻体重，紧致皮肤

果汁热量 74kcal

操作方便度：★★★★☆
推荐指数：★★★★☆

蔬果搭配

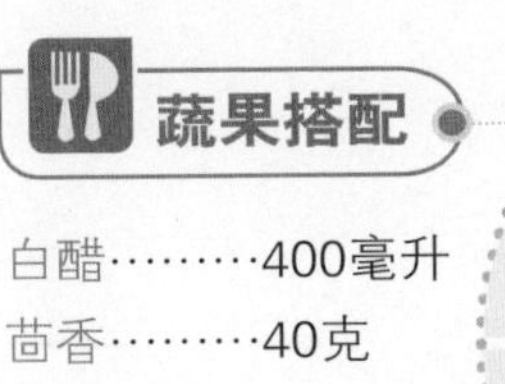

白醋………400毫升
茴香………40克

营养成分

膳食纤维	蛋白质	脂肪	碳水化合物
0.8g	5.4g	0.8g	11.1g
维生素B_1	维生素B_2	维生素E	维生素C
0.1mg	0.1mg	0.4mg	13mg

食疗功效

茴香营养丰富，含有蛋白质、脂肪、糖类、B族维生素、维生素C、钙、磷、铁等。将茴香与醋进行调制而成的茴香醋饮，适量饮用可缓解因肾虚而引发的腰痛，消除肠气、胃闷痛，保持肌肤洁净，也是减轻体重的妙方。

料理方法

① 将茴香洗净，吹干至略呈枯萎状，切段。

② 将切好的茴香放入瓶中，倒入醋，淹过食材高度，封罐。

③ 发酵 10 天左右即可饮用，时间越长，风味越佳。

茴香档案

产地	性味	归经	保健作用
北京、河北	性温，味辛	肝、肾、脾经	温阳散寒、理气止痛

成熟周期：

当年：1月 2月 3月 4月 5月（结果） 6月（结果） 7月 8月 9月 10月 11月 12月

次年：1月 2月 3月 4月 5月 6月 7月 8月 9月 10月 11月 12月

挑选茴香小窍门

挑选茴香时应该选用没有枯黄叶子的，且根茎粗大者为好。

葡萄醋饮

• 消除疲劳，延缓衰老

果汁热量 130.4kcal

操作方便度：★★★★☆

推荐指数：★★★★☆

蔬果搭配

白醋…………600毫升

葡萄………500克

冰糖………300克

营养成分

膳食纤维	蛋白质	脂肪	碳水化合物
9g	7.8g	2.9g	313.6g
维生素B_1	维生素B_2	维生素E	维生素C
0.2mg	0.3mg	1.7mg	20mg

食疗功效

葡萄醋中的醋酸、甘油和醛类化合物对皮肤有柔和的刺激作用，能扩张血管，增进皮肤的血液循环，使皮肤光润。同时还可抗衰老，其中所含的原花青素OPC能够保护结缔组织不被自由基破坏。

料理方法

① 将葡萄洗净，切开晾干。

② 再把葡萄和冰糖以交错堆叠的方式放入玻璃容器中，然后倒入醋，最后封罐。

③ 发酵 45 ~ 120 天即可饮用。

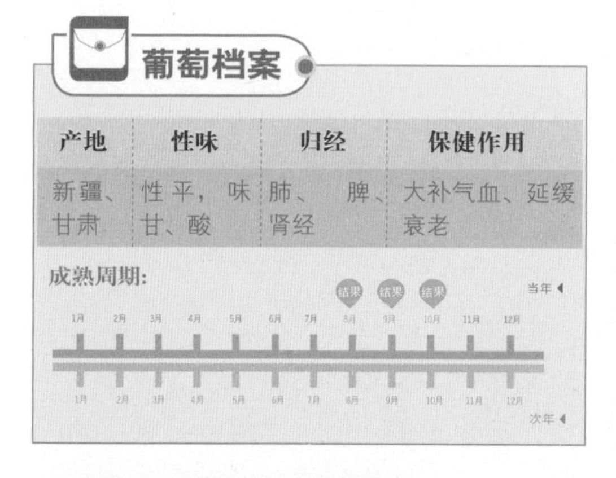

葡萄档案

产地	性味	归经	保健作用
新疆、甘肃	性平，味甘、酸	肺、脾、肾经	大补气血、延缓衰老

挑选食醋小窍门

一般来说，用粮食酿造的食醋，在我们震荡（醋）的时候，有丰富的泡沫，而且泡沫持久不消。但是伪劣的食醋我们摇晃它、震荡它，虽然也有泡沫出现，但是这些泡沫一会儿就会消失。

苹果醋饮

- 提亮肌肤，淡化细纹

果汁热量 308kcal

操作方便度：★★★★☆
推荐指数：★★★☆☆

蔬果搭配

白醋………600毫升
苹果………300克
甜菜根……100克

营养成分

膳食纤维	蛋白质	脂肪	碳水化合物
7.4g	5.5g	1.6g	67.6g
维生素B_1	维生素B_2	维生素E	维生素C
0.1mg	0.1mg	6.3mg	32mg

食疗功效

用苹果醋所制成的面膜敷脸可以美白肌肤，尤其苹果中富含的苹果酸，更是油性皮肤理想的天然清洁剂，不仅能使皮肤油脂分泌平衡，还有软化皮肤角质层的作用，也是消除黑眼圈的最佳秘方。

甜菜档案

产地	性味	归经	保健作用
新疆、甘肃	—	—	降脂护肝、对抗肿瘤

成熟周期：结果 5月、6月（当年）

挑选苹果小窍门

苹果一般应选择表皮光洁无伤痕，色泽鲜艳、肉质嫩软的；用手握试苹果的硬软情况，太硬者未熟，太软者过熟，软硬适度为佳；用手掂量，如果重量轻则是肉质松绵，一般不建议购买。

料理方法

① 将苹果洗净后吹干，去核切片。

② 将苹果块放入玻璃瓶中，再加入甜菜根，倒入醋，淹过食材高度，封罐。

③ 发酵 50 天即可饮用，6 ~ 10 个月以上风味更佳。

柠檬苹果醋饮

• 紧肤润肌，轻松瘦身

果汁热量 225.3kcal

操作方便度：★★★★☆
推荐指数：★★★☆☆

蔬果搭配

柠檬………500克
冰糖………500克
苹果醋……600毫升

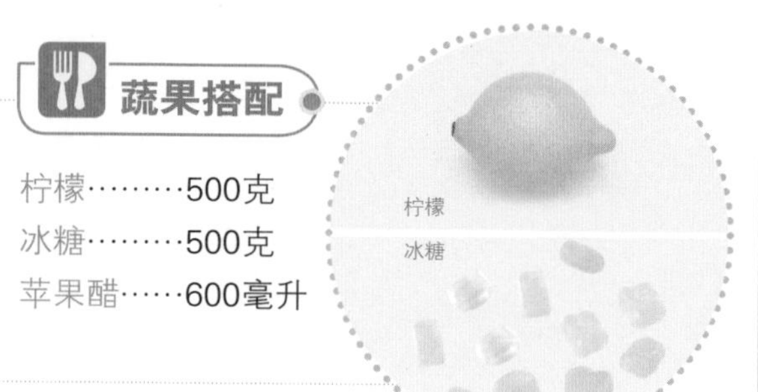

营养成分

膳食纤维	蛋白质	脂肪	碳水化合物
6.5g	11.9g	6.9g	535.7g
维生素B_1	维生素B_2	维生素E	维生素C
0.2mg	0.2mg	5.7mg	200mg

食疗功效

柠檬可养颜美容，与醋混合而成的柠檬醋，更是一种健康饮品。苹果和醋都具有减轻体重的功效，将两者调制而成的苹果醋对减肥很有帮助。而用柠檬和苹果醋制成的柠檬苹果醋除了能美颜，还具有减肥的功效。

果醋档案

产地	性味	归经	保健作用
各地均有	性平，味甘、酸	肝、胃经	消食开胃、止血化瘀

成熟周期：全年均有

当年：1月 2月 3月 4月 5月 6月 7月 8月 9月 10月 11月 12月
次年：1月 2月 3月 4月 5月 6月 7月 8月 9月 10月 11月 12月

挑选果醋小窍门

勾兑型的果醋饮料，其醋味比较突出；发酵型的果醋饮料，水果味和醋香味闻起来相对比较协调，不会有浓重的刺鼻感，喝起来还有醋酸的味道，而且水果通过发酵和储存后，口感更加柔和，香味更加醇厚。

料理方法

① 柠檬洗净并滤干，切薄片后放入玻璃罐中。② 添加冰糖以及苹果醋，再用保鲜膜将瓶口封住，拧紧盖子后放半年即可饮用。③ 饮用时，可取10毫升的柠檬醋、200毫升的白开水以及少许的蜂蜜调匀即可。

荔枝醋饮

• 预防肥胖，排毒养颜

果汁热量 367kcal

操作方便度：★★★★☆
推荐指数：★★★☆☆

蔬果搭配

白醋…………500克
荔枝………500克

营养成分

膳食纤维	蛋白质	脂肪	碳水化合物
2.5g	8.2g	3.6g	90.3g
维生素B_1	维生素B_2	维生素E	维生素C
0.2mg	0.3mg	0.5mg	180mg

食疗功效

用荔枝和醋调制而成的荔枝醋，能促进血液循环与新陈代谢，改善肝脏功能，还具有润肺补肾，帮助毒素排除，处理体内饮酒累积的氧化物，促进细胞再生，使皮肤细嫩等功效，并能有效预防肥胖，补充血液，是排毒养颜的理想选择。

荔枝档案

产地	性味	归经	保健作用
广东、广西	性平，味甘、微酸	肝、脾经	生津止渴、健脾补血

成熟周期：结果 6月、7月（当年）

挑选荔枝小窍门

新鲜荔枝应该色泽鲜艳，个大均匀，皮薄肉厚，质嫩多汁的，且味甜，富有香气。挑选时可以先在手里轻捏，好荔枝的手感应该发紧而且有弹性。

料理方法

① 将干荔枝洗净放入瓶中，倒入醋密封。

② 发酵 2 个月后饮用，3 ~ 4 个月以上饮用风味更佳。

草莓醋面膜

操作方便度：★★★★☆
推荐指数：★★★★★

● 消除雀斑，美肌嫩肤

蔬果搭配

鲜草莓……50克
鲜奶………100毫克
陈醋………100毫升

营养成分

膳食纤维	蛋白质	脂肪	碳水化合物
1.8g	10g	1.8g	120g
维生素B_1	维生素B_2	维生素E	维生素C
0.2mg	0.3mg	0.5mg	216mg

食疗功效

草莓富含维生素C，有美白皮肤的功效，而醋也同样具有美白的功效。使用草莓和醋制成的草莓醋面膜敷脸，能使角质细胞软化脱落，可消除雀斑、黑点，使皮肤不但洁白光泽而且湿润细腻，所以相当适合干性皮肤使用。此外，还能防止因太阳辐射所引起的斑点。

料理方法

① 将草莓洗净，去蒂后捣成泥状。

② 往草莓泥中加入醋和牛奶，调成糊状。

牛奶档案

产地	性味	归经	保健作用
各地均有	性平，味甘	心、脾、肺、胃经	生津润肠、美白肌肤

成熟周期：全年均有

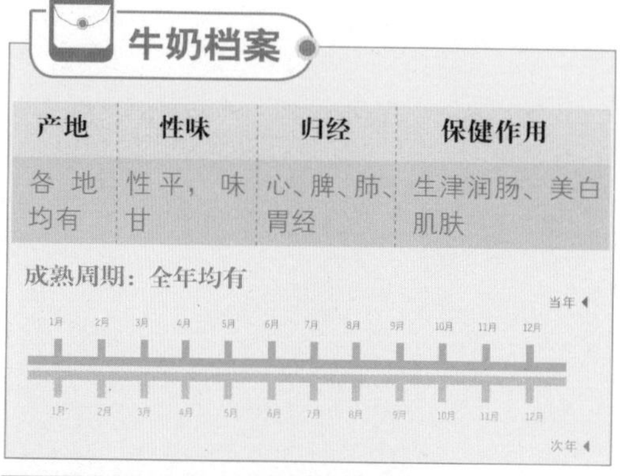

使用牛奶小窍门

除鱼腥味：炸鱼前先把鱼浸入牛奶中片刻，既能除腥，又能增强口味；除蒜味：喝杯牛奶，可消除留在口中的大蒜味。去水果渍：变味的牛奶能去掉衣服上的水果迹，在痕迹处涂上牛奶，过几小时再用清水洗，就能洗干净。

黑枣醋养颜浴

操作方便度：★★★★☆
推荐指数：★★★★★

• 活络气血，红润肤色

蔬果搭配

葡萄………250克
米醋………100毫升
黑枣………30克
米酒………100毫升

营养成分

膳食纤维	蛋白质	脂肪	碳水化合物
26g	117.1g	6g	1015.8g
维生素B_1	维生素B_2	维生素E	维生素C
0.1mg	0.1mg	26.4mg	—

食疗功效

取适量的黑枣醋与新鲜的葡萄汁调和，加入适量的开水稀释后倒入浴缸中。身体洗净之后，进入浴缸中浸泡10～15分钟即可。在睡前泡此养颜浴是最适合的，既能帮助身体循环代谢，又能达到润肤美颜，延缓衰老的功效。

料理方法

① 先将黑枣拣去杂质清洗干净，用米酒略泡，晾干后切开。

② 将黑枣和红糖以堆叠的方式放入玻璃罐中，再将陈年醋倒入，密封。

③ 发酵 4 个月后即可。

黑枣档案

产地	性味	归经	保健作用
辽宁、河北	性平，味甘	脾、胃经	滋阴补血，补益脾胃

成熟周期：结果 10月、11月（当年）

挑选黑枣小窍门

在挑选黑枣时，首先要注意虫蛀、破头、烂枣等。好的黑枣皮色应乌亮有光，黑里泛出红色；皮色乌黑者为次；色黑带萎者更次；如果整个皮表呈褐红色是品质最差的，不建议购买。

健康养颜花果醋

玫瑰醋饮

「功效」玫瑰醋不但是调味佳品，而且具有良好的美容功效。由于玫瑰醋的主要成分是醋酸，具有很强的杀菌作用，对皮肤、头发能发挥很好的保护作用。此外，玫瑰醋还含有丰富的钙、氨基酸、醛类化合物以及一些盐类，这些成分都对皮肤极有好处。

226页

甜菊醋饮

「功效」甜菊叶片具有帮助消化、滋养肝脏、调整血糖的功效，还能促进胰腺和脾胃功能，更能减肥养颜，养精提神，相当符合现代人追求低卡路里、无糖、无碳水化合物、无脂肪的健康生活方式，更是体重过重者、糖尿病患者的保养圣品。

227页

薰衣草醋饮

「功效」薰衣草醋具有多重美容功效，不但可净化肌肤、收缩毛孔，更可松弛身心。在发挥镇静及松弛身心的功效之余，更为肌肤添上一丝淡淡的薰衣草幽香。而醋则可洁净及收敛皮肤，令肌肤完美细致。

228页

洋甘菊醋饮

「功效」洋甘菊醋可消除因头痛、偏头痛或发烧感冒引起的肌肉酸痛，并具有抗老化、润泽肌肤、帮助皮肤组织再生，舒缓肌肤并收敛毛孔的功效。常饮洋甘菊醋还有镇静作用，让人心绪变得更平静。此外，对于睡眠、稳定情绪也有一定的帮助。

229页

金钱薄荷醋饮

「功效」在美容方面，醋具有消炎抗氧化的功效，而金钱薄荷具收敛爽肤的作用，荠菜花可分解油脂，用金钱薄荷、荠菜花与醋制成的混合醋饮口味独特，能发挥改善毛孔粗大的功效，此醋饮对于降低血压，预防疾病，帮助肠胃消化吸收，解除疲劳等也具有一定的作用。

230页

茴香醋饮

「功效」将茴香与醋进行调制而成的茴香醋饮，能消除肠气、胃闷痛，保持肌肤洁净，也是减轻体重的妙方。此外，将茴香醋调匀后涂抹于皮肤上，可起到保湿、防皱，改善橘皮组织的功效。若将茴香醋作为漱口水使用，则可以保持口腔清洁。

231页

葡萄醋饮

「功效」葡萄醋中的有机酸能分解并氧化疲劳物质乳酸和丙酮酸等，从而消除疲劳。葡萄醋中的醋酸、甘油和醛类化合物对皮肤有柔和的刺激作用，能扩张血管，增进皮肤的血液循环，使皮肤光润。

232页

苹果醋饮

「功效」苹果与醋混合制成的苹果醋饮对肠胃的刺激性小，能有效地补充身体的营养所需。其中苹果的果胶还可以抑制食欲，减少脂肪和糖分的吸收，并有利于肠胃的消化。用苹果醋所制成的面膜敷脸可以美白肌肤，也是消除黑眼圈的最佳秘方。

233页

柠檬苹果醋饮

「功效」柠檬可养颜美容，与醋混合而成的柠檬醋，更是一种健康饮品。苹果和醋都具有减轻体重的功效，将两者调制而成的苹果醋对减肥很有帮助。而用柠檬和苹果醋制成的柠檬苹果醋除了能美颜，还具有减肥的功效。

234页

荔枝醋饮

「功效」此醋能促进血液循环与新陈代谢，改善肝脏功能，还具有润肺补肾、帮助毒素排除、处理体内饮酒累积的氧化物、促进细胞再生，使皮肤细嫩等功效，并能有效预防肥胖、补充血液，是排毒养颜的理想选择。

235页

草莓醋面膜

「功效」使用草莓和醋制成的草莓醋面膜敷脸，能使角质细胞软化脱落，可消除雀斑、黑点，使皮肤不但洁白光泽而且湿润细腻，所以相当适合干性皮肤使用。此外，还能防止因太阳辐射所引起的斑点。

236页

黑枣醋养颜浴

「功效」养颜浴中的葡萄汁所含有的丰富铁质，可养气强心，令你有好气色，对于女性来说更是能活络气血、红润肤色。而黑枣醋具有滋润心肺、抗老化的功效，还可以带动气血循环，减少心血管的瘀塞。

237页